化石は語る

―ゾウ化石でたどる日本の動物相―

化石は語る

ゾウ化石でたどる日本の動物相

川那部浩哉 監修
高橋啓一 著

写真1　コウガゾウ全身骨格（滋賀県立琵琶湖博物館所蔵レプリカ）

はじめに

『琵琶湖博物館ポピュラーサイエンス』シリーズの第二冊目は、『化石は語る ―ゾウ化石でたどる日本の動物相―』です。これは、一九九九年に開いた企画展『絶滅と進化 ― 動物化石が語る東アジア五百万年』に関係したものであり、また、開館以来一〇年ほどにわたってなされた総合研究『東アジアの中の琵琶湖―コイ科魚類を展開の軸とした環境史に関する研究』(代表者：中島経夫)や、この本の著者を代表者として行なわれてきたいくつかの共同研究の成果を、その研究過程を含めて盛り込んだものです。

本書の主題である化石は、自然史系博物館へ行けばたいていのところで見られるものです。珍しい化石、美しい化石、組み立てられた迫力ある化石など、それを眺めているだけで、私たちを見たことのない遠い過去の世界に誘ってくれます。ところで、それらの化石には、その名の書かれた紙や板が控えめに添えられています。この地味な物体に特別の注意を払う人は少ないかも知れませんが、それによってはじめて、それがどのような種の化石なのか、他のどんな仲間と親戚なのか、それはどこで見つかったのか、などが判るのです。

この目立たないわずか数行の文字を書くために、どれほど多くの時間や労力がさかれたのでしょう。ある化石を発見しようと一〇年も探し求めた人、発掘するために協力してくれた地域の人、博物館に持ち込まれてからも何か月もかかる地道な洗い出しや整理作業を行なった人、その正体を調べるために地球の裏側へまでも出かけた人。こうした人々の努力によってはじめて、その化石は博物館に展示され、来館する人がそれは何かを知ることになるのです。このような化石の発見や研究課程にまつわる話を交えながら、現在の日本列島の哺乳動物（獣）相がどのようにしてできあがってきたのか、それを書いたのが本書です。

これを読んだ方々が博物館で、化石とともに側に置かれた名まえや産地を見たとき、本書に書かれているように、展示されるまでのさまざまな過程があったことを、ぜひ思い出して下さい。そうすれば、展示されている化石そのものについても、さらに深く楽しめることになるのではないかと期待しています。

本書を作成するにあたってご協力下さった多くの方々、編集や出版でお世話になった八坂書房の皆さんに、著者とともに、私からも深い感謝の意を表したいと思います。

二〇〇八年七月一日

滋賀県立琵琶湖博物館館長　川那部　浩哉

目次

まえがき

私の勤める滋賀県立琵琶湖博物館は、琵琶湖のほとりに建っている。目の前には満々と水を湛えた琵琶湖、冬には雪を頂く比良《ひら》、比叡《えい》の山並みが澄んだ空気のなかにたたずんでいる。この景色は、人がこの琵琶湖のまわりに暮らすずっと前から、少しも変わらず続いてきたように見える。確かに私たちの人生や人の歴史の長さから比べると、途方もなく遠い昔である四〇万年ほど前からはこのような景色が続いていたようだ。四〇万年とはなんと遠い昔であろうか。

しかし、これからこの本でお話する内容はさらにもっと昔からの話が出てくる。私が今見ている琵琶湖やそのまわりの山々は一〇〇万年前にはここにはなかった。そして、四〇〇万年前には琵琶湖は滋賀県にはなく、今の三重県伊賀《いが》市にあったのである。今と違うのは、湖や山などの景色だけではない。昔の琵琶湖には水面にじっと目だけを出して獲物を待つワニがいた時代もあった。また、湖のまわりにはゾウが群れをなして草をはんでいた時代もあったのだ。ゾウやワニがいたころの日本を皆さんも想像してみてほしい。

ゾウやワニはいつからこの日本にいなくなってしまったのだろうか。どのようにして現在の日本の動物相はできてきたのだろうか。そんなことを琵琶湖のまわりから発見される化石を手がかりにして考え始めてみることにしよう。琵琶湖のまわりからはたくさんの動物や植物の化石が発見されている。これらは、過去の琵琶湖周辺で起こったことを教えてくれるだけではなく、地球全体で起こった出来事も私たちに教えてくれる。

私たちが普段使っている時間の長さは、地球の歴史を考えるときにはあまりにも短く、また私たちが見る範囲はとても狭い。もし、私たちが長大な時間スケールで物事を考え、宇宙から見るような広い視野で身のまわりにある物を見たならば、そこには普段とは違うまったく別の世界が広がってくるはずである。これからお話するのは、そんな別の世界の話である。それは、化石の不完全な情報からつくられた話ではあるが、まったくのつくり話ではない。本当にあったと考えられている過去の話である。

第1章　古琵琶湖のゾウたち

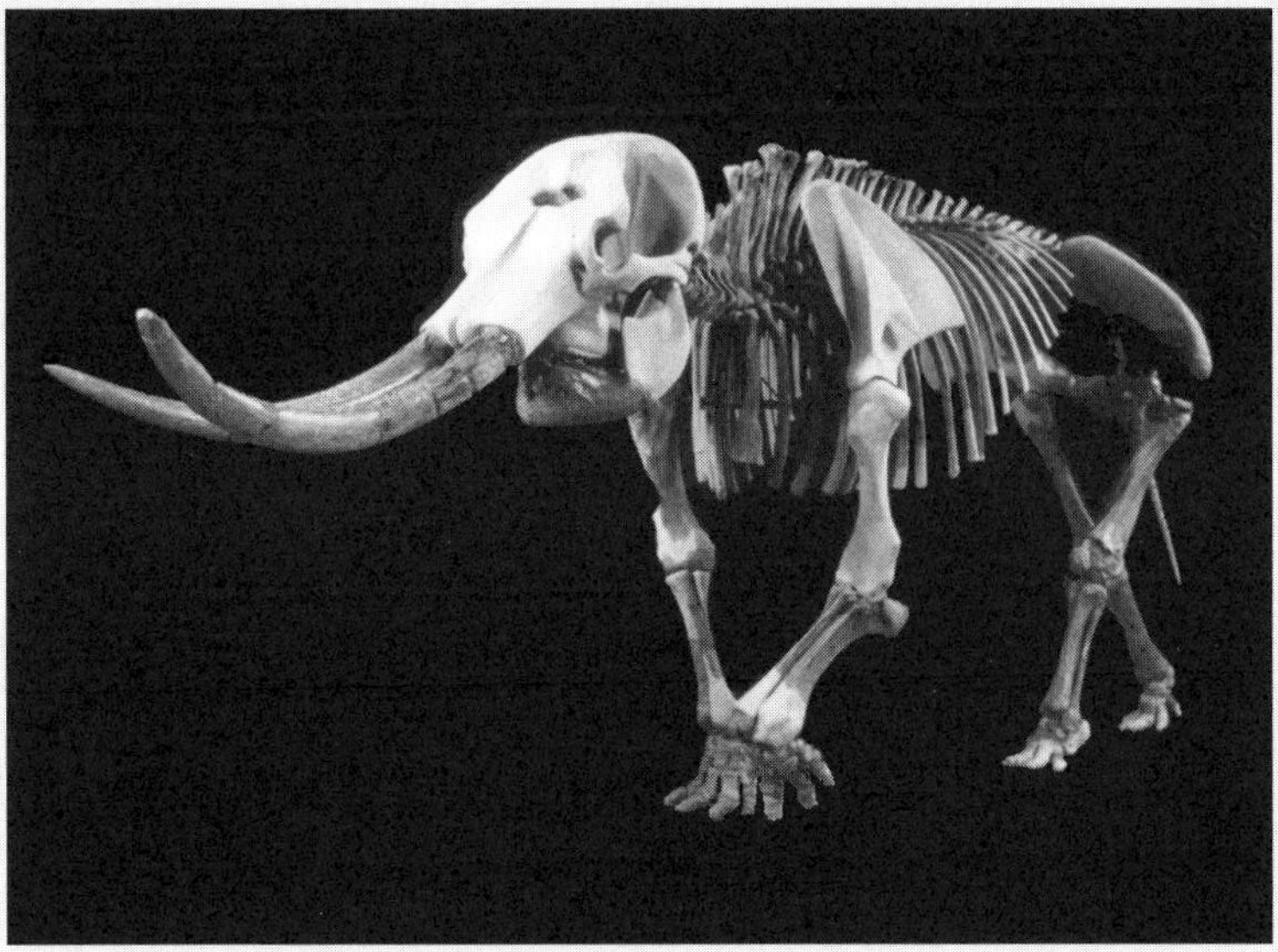

写真2　多賀町産アケボノゾウ全身骨格（多賀の自然と文化の館所蔵）

突然の電話

それは、一九九三年三月六日のことであった。私は、その当時、琵琶湖博物館の開設準備室の一員として滋賀県大津市にあった準備室で博物館の開設にあたっていた。その日はたまたま東京に出かけていたのだが、夜になって宿の部屋の電話が突然鳴った。出てみると、フロントからの取次で、私に電話がかかっているという。旅先の宿に電話がかかってきた経験などめったにない私は、いったい誰だろうと思っていると、受話器の向こうからは聞き覚えのある声がしてきた。相手は、滋賀県の小学校の教員をされている雨森清さんであった。いったいどうしたのかと聞いてみると、琵琶湖の東側に位置する多賀《たが》町でゾウのキバの化石が見つかったという。雨森さんは、小学校の教員をするかたわら県内の地質の調査も精力的に行なっている一人である。このときも多賀町内での工業団地建設に伴う工事に併せて、その周辺の地質調査をしている最中にゾウのキバ発見のニュースに出くわしたらしい（図1）。

私は、東京での仕事を済ませたあと、長野県松本市で開かれる野尻《のじり》湖《こ》発掘調査団の会議に出席する予定でいた。長野県にある野尻湖では一九六二年からナウマンゾウや人類遺跡の発掘調査が行なわれていて、私もその調査団の一員であった。しかし、わざわざ滋賀県から連絡がきたのだからそんなことはいっていられない。雨森さんには翌日現場にいくことを伝え、電話を切った。

ゾウの化石というのは、そうたびたび発見されるものではない。キバはどれくらい完全なのだろうか、どんな状況で出ているのだろうかと、あれこれと頭に様子を思い描きながらその日は床についた。

シカ化石の発見

翌朝早く、新幹線で東京から大津市にあった準備室に戻り、身支度

図1　多賀町周辺地図

を整えてすぐに車で現場に向かった。一時間ほど運転して多賀町教育委員会に着くと、埋蔵文化財の調査をしている音田直紀さんが待っていてくれた。音田さんとは、すでに面識があったので、あいさつもそこそこに済ませ、現地に案内してもらった。

ゾウのキバが発見された現場は、多賀町の町中からあまり遠くない場所にあった。そこは、丘陵を削り取り広大な面積を工業団地につくり変えている造成現場であった。造成現場では、丘陵を削り取るパワーショベルや削り取ったあとの地面を平らにならす巨大な工事用車両が大きな音を響かせながら走りまわっていた。その造成地の一角にセメント会社の採石置き場をつくる工事現場があった。この場所も、丘陵のへりを台状に削ってつくられていた。完成後には、山で採取した砕石をその台状の上の面に一時的に山積みにしてためておくことになるということだった。台形をした砕石置き場の中央部は、細い谷状に削られ、その底に水抜きのための真新しいコンクリート製の構造物がつくられていた。どうやらこの構造物をつくる工事の際にゾウのキバ化石が出たようだ。

発見場所では、高校の先生をしている小早川隆さんが構造物の上で三脚を据えてしきりに写真を撮っていた。小早川さんも雨森さんといっしょに地質調査をしている仲間で、二人でこの構造物の工事をしていた作業員から、ここでキバが発見されたことを聞いたのである。

この灰色の粘土層は、古琵琶湖層群と呼ばれている地層である。地質調査の結果からこのあたりにはおよそ二〇〇万年前～一六〇〇万年前の地層が分布していて、古琵琶湖層群のなかをさらに細分した地層名で蒲生《がもう》層と呼ばれている地層であることがわかっていた。発見されたキバ化石は工事をしていた人たちや近くの化石愛好家の人たち五人が少しずつ保管しているという。

ひととおりキバ化石を取り出したあとのへこみの様子を確認すると、私はさらにその周辺の地層を調べてみることにした。こういうときは、できるだけ広い範囲を見渡して地層の様子や他に化石がないかを確認することが大切なのだ。ていねいに地層を観察しながら、キバ化石のへこみがある壁面と反対側の壁面まできたとき、そこにほんのわずかだが茶色の骨の表面が露出しているのを見つけた。キバのへこみから

＊**地層と化石**＝地層とは岩石や土砂、礫が層状に積み重なったもの。地層の中には、過去に生きていた生物、もしくは足跡のような生物の活動の痕跡が見られ、これを化石という。

写真3　キバ化石が出た工事現場　右側の矢印の下にゾウのキバ化石が、左側矢印のところからシカ化石が発見された

は直線距離で五メートルと離れていない（写真3）。早速、野外調査のときに常に持ち歩いている「千枚通し」を使って、慎重に骨のまわりの粘土を少しずつ取り除いてみた。だんだんと骨の形が見えてくると、それがシカの上腕骨《じょうわんこつ》だということがわかった。どうやらその横にもまだ別の骨がありそうだ。もしかしたら、まとまったシカの化石がここに埋まっているかもしれない。そう思うと、千枚通しを持つ手にも力がはいった。

徹夜の発掘

後から来た雨森さんや多賀町の教育委員会で埋蔵文化財調査の手伝いをしている若手メンバーたちを加え、私たちは二つの班に分かれて作業をすることになった。一方は、ゾウのキバ化石のくぼみに石膏を流し込んで型取りする班、もう一方は、私の発見したシカ化石の発掘をする班である。この場所は工事の工程上、明日には埋められてしまうらしい。せっかく発見した化石がまた埋められてしまってはたいへんだ。すでに、昼をまわっていたので私たちは急ぐことにした。シカの化石を掘っていたグループは、日暮れまでかかって、ようやく数個のシカの骨を取り出すことができた。このときにはシカの骨の化石は、まだ奥にたくさん続いているのがわかった。ゾウのキバのくぼみに流し込んだ石膏型を掘り出す作業もまだ時間がかかりそうだ。宵闇が迫るなかで私たちは、このまま作業を続行することを決めた。そして、多賀町教育委員会の人たちによって、発電器とライトが準備され発掘は続けられた。

東の空から満月が昇ってきた。三月の夜は寒い。しかもその日は、久しぶりの冬型の気圧配置である。作業の合間に夜空の下で食べる夕食のカップラーメンが、冷え切った体を温めてくれる。キバのくぼみに流し込んだ石膏は、午後一〇時になってようやく掘り上げることができた。一方、シカの化石は、真夜中の一二時を過ぎてもまだ終わりの目処が立たないままだった。乱暴に掘って、もろい骨の化石を壊してしまっては元も子もない。数センチずつ「千枚通し」やドライバー

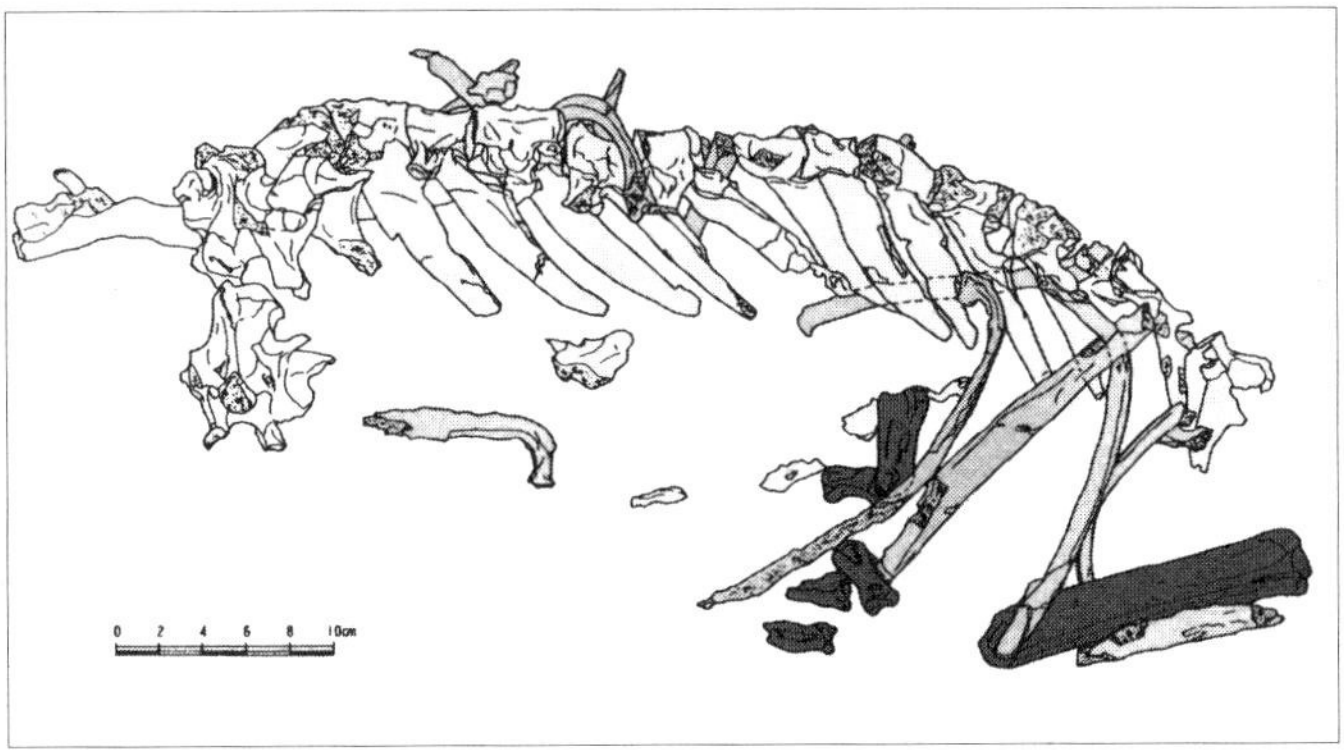

図2　発見されたシカの化石の産出状態（部分）（阿部勇治ほか、1994より転載）

で掘るので時間がかかってしまう。化石が出ている場所は、狭い範囲に集中しているので、一度にたくさんの人が掘ることができず、二、三人ずつ組になって、一時間交替で作業は休むことなく続けられた。

ついに夜が明けた。朝の冷たい空気に包まれて、頭こそないが、一頭分のシカの骨格が関節した状態で確認できた。朝の八時には、工事の人がきて、この場所で工事が始まる。私たちは、望ましい方法とはいえないが、すでに石膏も使い果たしており、他の補強材料も見あたらなかったので、一升瓶で溶かした樹脂を二本分、シカの化石とその周囲の泥に振りかけ、とりあえずの強化をした状態でシカの化石を粘土のブロックごと取り出すことにした。雪も降ってきたが、かまわず作業を続けた。八時前になって、ようやくシカ化石を掘り出すことができた（図2）。私たちは、シカ化石を車に詰め込むと現場を後にした。

化石は多賀町の公民館に一時的に保管することにして、私たちはそれぞれの職場に向かうことになった。今日は月曜日である。今週も博物館準備室のたくさんの仕事が私を待っている。私は、冗談っぽく「今週は忙しいから、もうなにも出したらダメよ！」と雨森さんたちにいって職場に向かった。この時点では、まさか彼らが本当にまた化石を発見するとは夢にも思っていなかった。

ふたたび徹夜の発掘

シカの化石を徹夜して掘り上げた二日後の三月一〇日、シカの化石だけでは満足できなかった雨森さんが音田さんをはじめとする埋蔵文化財のメンバーを誘って現場をまた掘ったのである。埋められているはずの工事現場は、埋められなかったばかりか、コンクリートの構造物の両側にあった支えの板がはずされ、構造物と土の壁との隙間は前よりも広くなり、調査しやすくなっていた。

私が、連絡を受けふたたび大津の博物館準備室から車で現場にかけつけたのは、あたりが夕闇に包まれるころであった。そこには、なんと太く長い立派なゾウのキバ化石が横たわっていた（写真4）。今度は、キバそのものの化石を見ることができた。同じような長さであること

写真4　コンクリートの構造物と土の壁との狭い隙間から発見された2本目のゾウのキバ化石

や、前のキバ化石のすぐ隣に並ぶように出てきたところをみると、どうやら前に発見されたキバと対になるキバのようだ。この場所は、また明日には埋められると誰かがいった。私たちは、このあいだ見た映画をまた見るかのように、二日前にしたのと同じように、ふたたび徹夜でキバを掘り出さなくてはならなかった。掘り出すためにキバ化石のまわりを石膏で補強し終わったときには、すでに午前一時をまわっていた。

　ところが、このときにはもっとたいへんなことが起こり始めていた。キバ化石を取り出すためにその周辺を掘っていると、新たな骨化石が出てきたのである。大きさから見てゾウの化石に間違いない。新たに見つかった化石を掘り始めるとまた次の骨化石に当たってしまう。こうして、ゾウの肋骨《ろっこつ》や背骨、大腿骨《だいたいこつ》などの化石が、幅一メートルほどの溝状の狭い範囲から次々に見つかり始めた。さらに悪いことに、これらの骨は、互いに重なりあっていて、そう簡単には取り上げることができない状態であった。

　夜もすっかり明け、朝七時になったがまだ掘り出せていない化石が溝のなかに残っていた。本当ならめったに見つからないゾウの化石がたくさん出てきたのだから、うれしいはずなのだが、このとき私は疲れていたせいか、自分が無限地獄に迷い込み、出口を探しても見つからない焦りのようなものを感じていた。私たちが掘っていたのは、土の壁面とコンクリートの構造物の間のわずかな空間部分にすぎなかったが、出ていた骨化石は東から西に向かって体の前から後ろの部位が並んでいるのが私にはわかった。そして、まだ掘っていない壁面の奥にはおそらく一頭分のゾウの骨が埋まっているに違いないと予測することができた。

朝になって工事の人が現れた。聞くと今日はまだ埋めないということだ。二度も誤った情報に急がされてしまった。私たちは、ひとまず発掘の基地になっている公民館に戻って、発掘した化石を降ろし、土地の持ち主のセメント会社に教育委員会から状況を伝えてもらった。そこにいたメンバーで相談した結果、せっかくの資料をこのままにしておくことはできないということになり、午後から発掘を再開することになった。公民館で特別に風呂を沸かしてもらい、食事をとって、仮眠した。

午後一時、高校の先生をしている田村幹夫さんが公民館にやってきた。彼は、一九八八年に琵琶湖の東部を流れる野洲《やす》川の河原で、多量のゾウやシカの足跡化石を始めて発見したことで知られている人物である。この足跡化石の発見が、その後の日本国内の足跡化石発見ブームに火をつけたともいえるが、このことはまた後ほどお話することにして、話を続けよう。

皆が揃ったところで現場に向かった。しかし、二日前に引き続き、今回も徹夜して掘り続けた私たちには、気力があっても、体力が尽きかけていた。少し掘るだけですぐに体に疲れを感じるようになっていた。ただ、田村さんだけが元気にツルハシを振るっている。このままでは、今見えている骨化石でさえも今日中には掘り出すことができないことは明らかだった。せっかくの化石がもったいない。なんとか化石を掘り出したい。そんな思いを持っていた皆の意見は、本格的な発掘をできるようにしようということで一致していた。多賀町の埋蔵文化財担当の音田さんは町の教育長に、私は琵琶湖博物館準備室の室長

写真5　本格的な発掘の開始
重機でゾウの化石が埋まっている面まで掘り下げる（多賀町、1993年3月）

に連絡を取り、正式にセメント会社から許可を取って本格的に発掘ができるよう調整を始めた。それから四日後の三月一五日、セメント会社からは一週間だけ工事を停止し、発掘をしてもいいという許可をいただくことができた。

執念で掘り出した化石

急なことだったにもかかわらず、三月一九日には体制を整えて発掘を始めることができた（写真5）。県内の地学関係者などに呼びかけ、期間中延べ一五〇人が参加する発掘となった。発掘は、結局九日間行なわれた。許された時間が短期間だったため、要領よく、最低限の調査で済ませる必要があった。このため、いくつかの調査を割愛せざるを得なかったのは残念であったが、発掘の成果として、頭部を除くほぼ一頭分のゾウと部分的なシカの骨、カメの甲羅《こうら》の一部などの化石を掘り出すことができた（写真6）。このように、ほぼ一頭分のゾウの骨

写真6　ぞくぞくと出てくるゾウの骨格化石

格化石が発見されることは、めったにない。私は、一頭分のゾウの化石を非常に短い期間でうまく掘り出すことができ、発掘の責任を果たせたことに満足していた。この骨を使えば、必ず今までわからなかった新しい発見があるに違いないという自信もあった。歯や頭はゾウの種類を決めるのに重要な場所であったが、たとえそれらの化石がなくても古琵琶湖層群蒲生層の時代から出るゾウ化石は、アケボノゾウという種類であろうと私には見当がついていたので、後はこれまで日本各地から発見されているアケボノゾウの骨格と比較すれば、間違いなく種類を特定でき、まだ誰も気づいていない新しいことを発見できると思っていた。

しかし、発掘に参加した一部の人たちは違っていた。発掘調査が一旦終了し、現場近くの会場で一般の人たちに成果の報告会を済ませた後も、この発掘で頭の骨や歯の化石が発見されなかったことに満足がいかなかったのである。その熱意は町長を動かし、セメント会社にふたたび許可を出させてしまった。

四月一日から再開された発掘で、コンクリートの構造物の下からついに完全な臼歯《きゅうし》のついた下顎《したあご》の化石が発見された。発掘をする人たちの執念に負けて、隠れていた下顎の化石が自首してきたとしか思えない（写真7）。それも、上部のコンクリートと下顎の化石との間は、二センチメートルほどしか隙間がないという奇跡的な状態での発見であった。この構造物をつくったときにもう少し掘り下げていたら、臼歯は破壊されていたであろう（図3）。

私は、この発掘に執念を燃やした人たちに、ただただ頭が下がるのである。この結果、この一頭分の化石は、紛れもなくアケボノゾウのものであると、自信を持っていえるようになった。また、発掘期間中、現場に設置されたプレハブで泊り込みをしたり、発掘の運営をスムーズにいくように絶えず蔭で支えてくれた多賀町の埋蔵文化財担当者の方々にも拍手を送りたい。大掛かりな発掘では、化石を上手に掘る人がいるだけでは決して成功しないことを改めて痛感した。

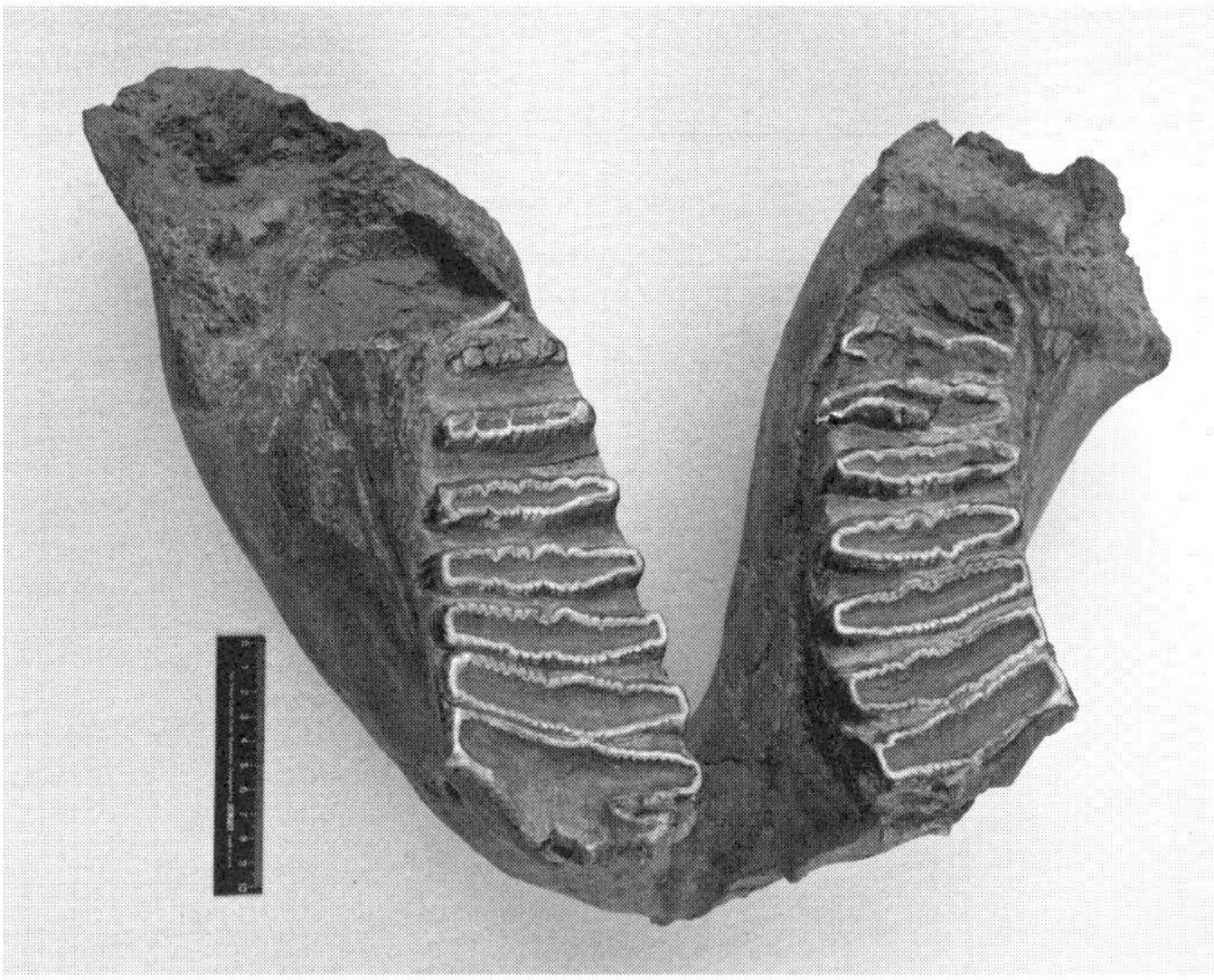

写真7　コンクリートの構造物の下から発見されたアケボノゾウの下顎化石
（スケールは10センチメートル、多賀の自然と文化の館所蔵）

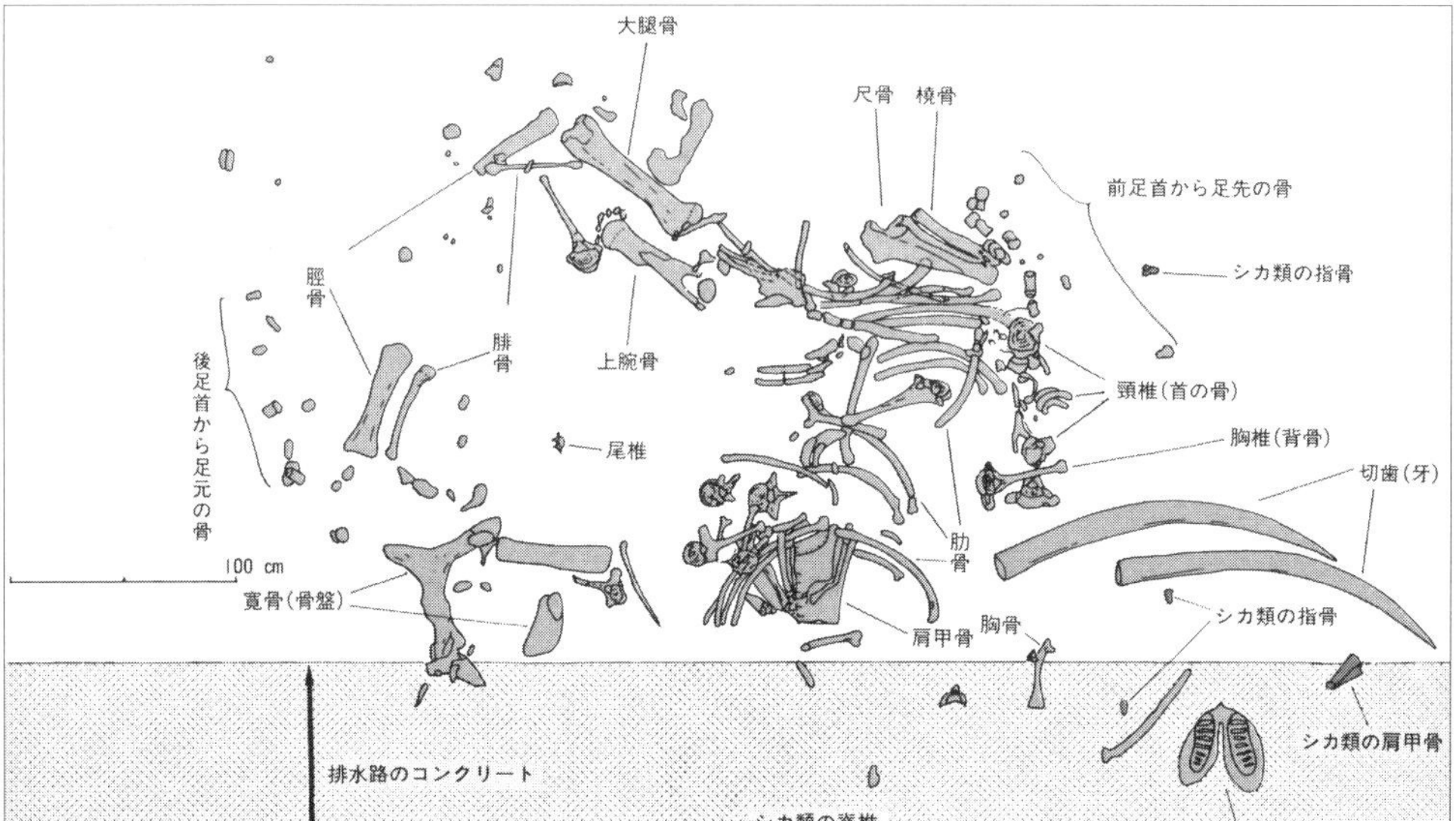

図3　多賀町で発見されたアケボノゾウ化石の産出状態（多賀町教育委員会、1993より転載）

琵琶湖の移り変わり

多賀町でアケボノゾウが発見されたのは、古琵琶湖層群の蒲生層と呼ばれている地層であった。古琵琶湖層群とは、およそ四五〇万年前～四〇万年前の間に、太古の琵琶湖の底やその周辺の平野部に川の作用で土砂が積もってできた地層である。それは現在の三重県伊賀《いが》市あたりから琵琶湖がある場所にかけて、南北およそ五〇キロメートル以上におよぶ範囲に分布している。この古琵琶湖層群と呼ばれる地層のなかをさらに、地層の様子の違いに注目して時代ごとに区分した名前がついている。それらは、時代の古い方から上野層、伊賀層、阿山《あやま》層、甲賀《こうか》層、蒲生層、草津層、堅田《かただ》層、伊香立《いかだち》層と呼ばれている（図4）。

現在の琵琶湖は日本列島のほぼ中央にあり、滋賀県の面積のおよそ六分の一を占める日本で最も大きな湖である。その周囲は二三五キロメートル、長い南北方向に六三・五キロメートル、最深部は一〇四メートルある。しかし、三重県伊賀市あたりに誕生した初めの湖は、湖の最も長いところでせいぜい一〇キロメートル程度、深さ数メートルの小さく浅い湖であったと考えられている。現在の琵琶湖の南側の小さく浅い部分と似ている。この当時の湖の底に堆積した泥は、三重県の旧大山田村を流れる服部川の河原で見ることができる。現在の地名でいえば伊賀市千戸から中村にかけてということになる。この場所にあった湖は、旧の地名から大山田湖と呼んだりもする。この湖の堆積物を調べてみると厚さの合計は、一〇〇メートル以上もある。これは一度に一〇〇メートル積もったのではなく、長い年月をかけて湖の底に少しずつ泥がたまっていき、泥のなかの水分が抜けて固まって地層となったものである。湖などの広い水域では、中心部では泥しかたまらない。川から運ばれてきた土砂のうち粒子の大きい砂は、湖のような流れが緩やかな場所に流れ込んだとたんに沈んでしまい、粒子の細かな泥だけが湖の中心にまでたどり着くのである。現在の琵琶湖

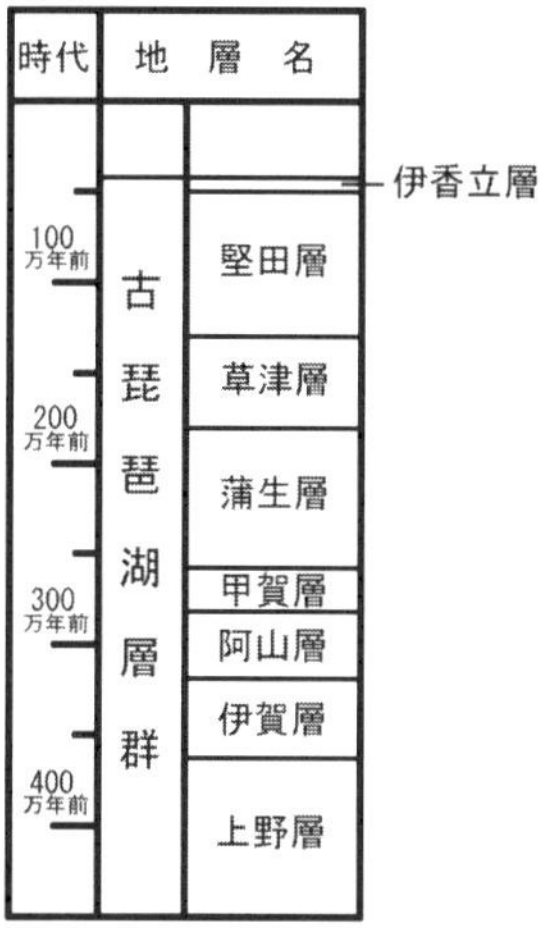

図4　古琵琶湖層群の層序表

の湖底では一年間で一〜二ミリメートルほど泥がたまっていることを考えると、一〇〇メートルもの泥がたまるためには、少なくとも五〜一〇万年間はかかり、その間この湖が続いていたことを示している。実際には、堆積した泥は時間とともになかの水分が抜けて厚さがずいぶんと薄くなっていくので、当時の湖にたまった泥の厚さは私たちが今見る地層の厚さよりはずいぶんと厚かったはずで、おそらく数十万年間はこの湖が続いていたのであろう。

しばらく続いていた大山田湖も、北西からの大きな川が運ぶ砂や礫《れき》によって埋め立てられていった。その始まりはおよそ三六〇万年前のことである。しかし、三二〇万年前になると、ふたたび大山田湖の北側の阿山・甲賀地域に湖が誕生しはじめ、大山田湖よりも広い湖へと発達していった。この当時の湖を阿山湖と呼ぶこともある。

この湖が最も広がった時代には、長い南北方向に二〇キロメートル以上あった。およそ二八〇万年前になると湖はさらに北側の甲賀地域を中心にしていっそう深くなっていった。この湖はその地域の名称をとって甲賀湖と呼ばれることがある。現在、甲賀地域の崖や河床で見ることができる青灰色の粘土層は、二八〇万年前～二六〇万年前の甲賀湖に堆積した湖底の泥なのである。以前はこの泥を田んぼの土壌改良のために、崖から削って田んぼに入れていた。そんな甲賀湖もふたたび川から流れ込む土砂によって埋められてしまう運命にあった。

およそ二六〇万年前になると大きな湖は消えてしまったようである。そのかわりに現在の琵琶湖の東側の平野部あたりには沼地や湿地があちらこちらに見られるような環境が現れた。この時代には、水辺近くに生育するメタセコイアやスイショウといった高さ三〇メートルもある針葉樹が森林をつくっていたが、たびたび氾濫する河川の土砂によってそれらの木々は根に近い幹の部分までが埋め立てられ、立ち枯れていった。氾濫がおさまるとそれらの木々は、ふたたび荒地に新たな芽を出し、進出していった。メタセコイアは洪水や土石流で荒れた平野部に先頭を切って進出する樹木であった。そして、繰り返される大洪水や土石流にふたたび立ち枯れては、また新たな芽が出るということを繰り返していた。現在、琵琶湖の周辺の河原では、化石林がたびたび発見されるが、それはこのようにしてできたものである。

図5　古琵琶湖層群の累層ごとの分布図と湖名

およそ一三〇万年前になると、現在の琵琶湖の南西部が沈降し水域ができ始めた。やがてその水域は北東に拡大し、およそ四〇万年前になると現在の琵琶湖の北部にも水域が広がった。そして、徐々に現在見る琵琶湖に近い形となっていったのである。現在私たちが見ている琵琶湖は、四五〇万年の長い琵琶湖のおいたちのなかで、最大の大きさと深さを持つ湖なのである。

ここまでの話でおわかりになったかと思うが、琵琶湖はおよそ四五〇万年間、同じような状態であったわけではなく、少しずつ形や深さ、その位置さえも変えてきたのである（図5）。そしてこれらの時代ごとに地層が区分され、先に述べたような区分名がつけられている。

冒頭にお話した多賀町でアケボノゾウが発見された地層は、蒲生層であった。この時代には、今では日本では絶滅してしまったメタセコイアやスイショウなどの森林が発達し、その周囲には湿地や沼が広がっていた。こうした沼のひとつにアケボノゾウの死体が流れ込み、化石となったのであろう。工業団地の造成は、アケボノゾウを一七〇万年間の眠りから目覚めさせたのである。

写真8　古琵琶湖層群に見られる五軒茶屋火山灰（およそ175万年前）　右側にいる人たちの頭のあたりから上部が火山灰層（里口保文氏撮影）

時代を教えてくれる火山灰層

琵琶湖の移り変わりをお話するなかで、年代についてもふれてきた。いったいどのようにして地層の年代を決めることができるのであろうか。地層の年代を決めるためには、いくつかの方法がある。そのなかでも最も重要な方法は、地層のなかにある火山灰層を調べるやり方である。

古琵琶湖層のなかには、百数十枚の火山灰層が確認されている。これらは厚さ数センチメートルのものから数メートルのものまである。琵琶湖の周辺には火山はないので、これらは琵琶湖から離れたどこかの火山が噴火し、琵琶湖周辺まで風に乗って運ばれてきて積もったものである（写真8）。それらは、中部地方の火山からであったり、ときには九州の火山からであったりする。そんなに遠くから火山灰が運ばれてくるものなのかと驚かれる方もいるかもしれないがこれは事実である。

一九九一年に起こったフィリピンのルソン島にあるピナトゥボ火山の噴火は、二〇世紀最大規模の噴火といわれている。このときに噴出した火山灰は、上空一万メートル以上の成層圏にまで達し、塵《ちり》のような細かい粒子は地球全体をおおってしまった。その結果、太陽からの光がさえぎられ、地球の気温が〇・五度下がったとされている。

日本においてもおよそ二万六〇〇〇年前〜二万九〇〇〇年前に鹿児島湾北部の姶良《あいら》カルデラが噴火し、放出された火山灰は一五〇〇キロメートル以上も遠くに飛び、少なくとも東北地方にまで到達したことが確認されている。琵琶湖地域でもこの火山灰の厚さはおよそ一〇センチメートルもある。このように遠くまで飛ぶ火山灰は、噴出した火山から遠く離れた場所まで一度に降り積もることになる。このような火山灰が地層のなかで見つかれば、遠く離れた場所にある地層どうしで、同じ時間面を見つけることができる。

また、火山灰のなかにあるジルコンという鉱物にある処理をして顕微鏡で観察すると、鉱物のなかに含まれていたウラン238が核分裂をしたときに残したキズが見える。このキズの密度を調べ、もとの鉱物のなかにあったウランの量を調べることで火山から火山灰が噴出した年代を求めることができる。この方法はフィッション・トラック法と呼ばれている。こうして、火山灰を地層のなかに見つけるとその地層の年代も知ることができるのである。ただし、この方法は測定の誤差が大きいこともあるので、この方法だけからでは、そう簡単には正しい地層の年代を決めることはできない。

そのほか、年代を調べる方法には、地層のなかから過去の地球の磁場の方向を調べたり、地層のなかに蓄積されている放射線の量を調べるなどさまざまな方法がある。実際には、これらのいくつもの方法を組み合わせて年代を決めているのである。

古琵琶湖はいつ始まったのか

古琵琶湖層群中の年代は、おもに火山灰や古地磁気を利用して決められている。しかし、その年代については研究者によって意見が違うこともある。たとえば、古琵琶湖の始まりの時代については、以前は五〇〇万年前とも六〇〇万年前ともいわれていた。その一方で、四〇〇万年前くらいではないかという人たちもいた。

そこで、琵琶湖博物館の里口保文さんは、この問題を解決すべく、古琵琶湖層群の始まりのころの地層が見られる三重県伊賀市あたりの火山灰の調査をするとともに、房総地域や東海地域にもたびたび出かけ、それらの地域の火山灰を丹念に調査した。なぜ、古琵琶湖層群と関係のない房総地域や東海地域の調査を行なったかというと、それらの地域の火山灰のなかにはよく年代がわかっているものがあり、その火山灰と同じものが古琵琶湖地域にも見つかる可能性があったからである。

調査の結果、古琵琶湖層群の始まりのころに堆積した地層のなかにある喰代《ほおじろ》Ⅱ火山灰層や市部《いちべ》火山灰層は、東海地域の大田テフラ層や坂井火山灰層と同じものであり、それらが房総半島の三浦層群の火山灰でおよそ三九〇万年前のものとおよそ四一〇万年前のものと同じものであることがわかった。さらに、古琵琶湖層群において市部火山灰層よりも古い時代に堆積したことがわかっている渋《しぶ》田《た》川火山灰層が東海層群の白沢の池火山灰層と同じものであることがわかり、それが房総半島の三浦層群中の火山灰との関係からおよそ四二〇万年前に降り積もった火山灰であることがわかった。これらの火山灰層より古い時代の堆積物の厚さから考えて、里口さんは、古琵琶湖層群の始まりの年代はおよそ四四〇万年前~四五〇万年前だと推定したのである[1](図6)。

こう書けばいとも簡単にわかったように見えるが、古琵琶湖層群のなかでも古い時代の火山灰がある地域を調査したり、その比較のために房総半島や東海地域へ何度も足を運んだ。そして、何日間も一人で野山や川づたいを歩きながら、数センチメートル単位で地層を記録し、た

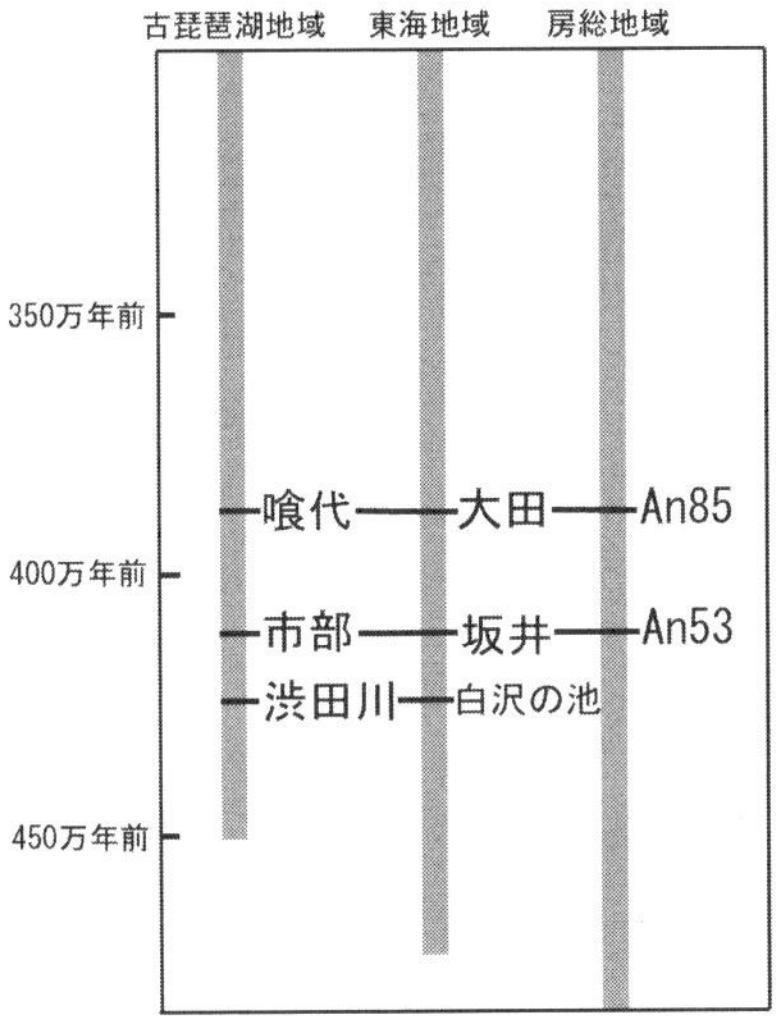

図6　房総、東海、古琵琶湖地域の火山灰の対比　各地域の地層の上部は省略してある

くさんの火山灰試料を採集してきたのである。採集してきたたくさんの試料は、毎晩分析のために処理をし、また顕微鏡でのぞいて調べるという地道な作業を何年も続けてようやく琵琶湖の始まりの年代がわかったのである。文字に書いてしまうとたった一行で終わるような事実でも、それを見つけるためには絶え間のない努力と膨大なデータの蓄積が必要なのである。

移り変わるゾウ化石

さて、私は多賀町で発見されたゾウ化石の話の最後のところで、ゾウの種類を決定するのに重要な頭や歯の化石がなくても、古琵琶湖層群蒲生層の時代から出るゾウ化石はアケボノゾウであると見当がついていたと述べた。実は、私には多賀町でゾウのキバ化石が発見されたという連絡を東京の宿で受けたときから、その化石がアケボノゾウのキバの化石であることが予測できていた。というのは、これまで古琵

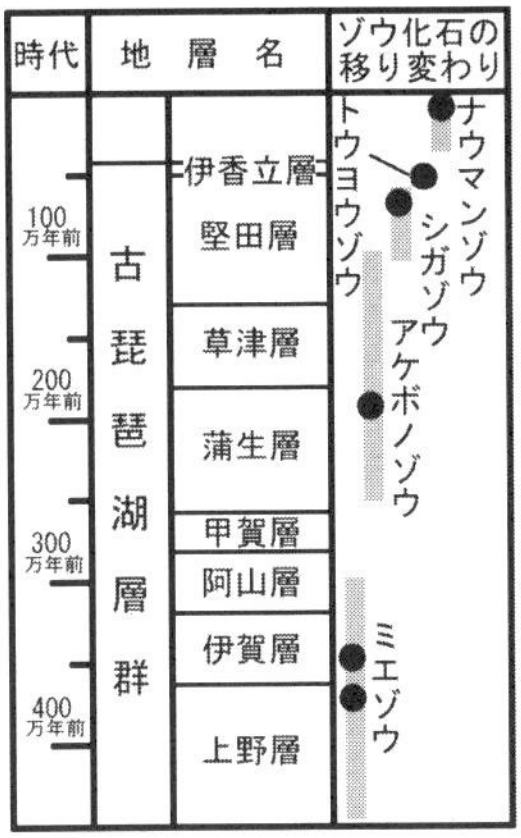

図7　古琵琶湖層群のゾウ化石の移り変わり　●が古琵琶湖層群で発見されている時代、線は日本全国で発見されている時代を示す

琵琶湖層群からはミエゾウ、アケボノゾウ、シガゾウ、トウヨウゾウなどの四種類のゾウ化石が発見されているのだが、これらは時代ごとに順序よく次々に入れ替わっていくことがわかっているからである。

つまり、この時代の地層にはこのゾウが出るということが決まっているのである。そのため、化石の発見された地層の名前がわかれば、そこから出てくるゾウ化石を予測することができたのである。もう少し言えば、古琵琶湖層群は古い時代の地層がより南にあり、新しい時代の地層ほど北にあるので、発見された地名を聞けば、そこにはどの時代の地層が分布しているのかわかり、結果としてそこから発見されるゾウ化石の種類は推定できるのである。これは、先人の研究のおかげである。

多賀町のゾウ化石発見現場は以前からの地質調査の結果から、およそ一七〇万年前の蒲生層が分布することがわかっていた。そして、この時代のゾウとしてはこれまで日本中でアケボノゾウしか見つかっていなかったことから、私には発見されたゾウ化石の種類を予測することができたのである（図7）。

＊**国際動物命名規約**＝動物の学名を決める国際的な基準。研究途上で発生してきた学名についての混乱を整理し、学名を整備するために設けられている。

ここで、古琵琶湖層群からこれまで発見されているゾウ化石について、少し説明しておこう。まず、古琵琶湖層群のなかで最も古い時代の地層から発見されるのは、ミエゾウである。これまでミエゾウの化石は、上野層や伊賀層（およそ四五〇万年前〜三二〇万年前）から臼歯、キバ、腕の骨の一部などが発見されている。琵琶湖が誕生したころの湖である大山田湖の時代に、その周辺に生きていたゾウである。

ミエゾウの「ミエ」とは三重県の「三重」のことである。ミエゾウの基準になる標本は、現在の三重県安芸郡芸濃《げいのう》町から発見されたことからこのような名前がつけられた。ミエゾウは、一九九一年より前まではシンシュウゾウと呼ばれていた。「シンシュウ」とは「信州」のことである。やはりシンシュウゾウの基準となるゾウが長野県から発見されたことからこのような名前がつけられていた。別々の場所から出た標本を基準として、別々の名前がつけられていたが、よく調べてみると両者は同じ種類のゾウであることがわかった。そこで、名前をひとつに統一することになったのであるが、このような場合には国際動物命名規約という規則にしたがって、少しでも先につけられた名前の

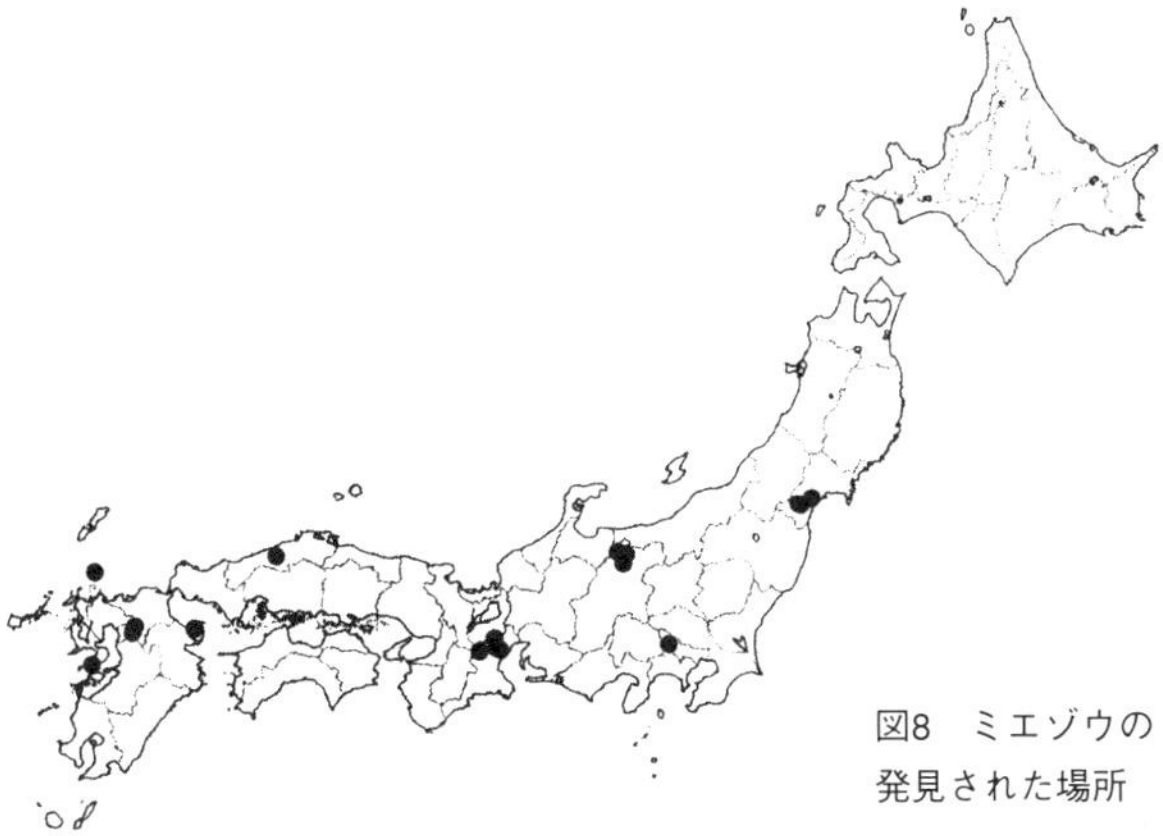

図8　ミエゾウの発見された場所

＊ゾウの大きさ＝比較のために、現生のアジアゾウは体長五・五～六・四メートル、肩の高さは二・五～三メートルほどである。

方に優先権があり、その名前に統一することが決められている。ミエゾウは一九四一年に、そしてシンシュウゾウは一九七九年に名づけられていたことから、統一した後の名前はミエゾウを使うことになった。ミエゾウあるいはミエゾウと推定されるゾウは、北は宮城県から南は長崎県までで発見されている（図8）。その肩の高さはおよそ四メートル、キバの長さは三メートルもある大型のゾウだった。

ミエゾウを発見した人たち

三重県伊賀市の服部川の河原には、大山田湖に堆積した粘土層が見られることはすでに述べた。この粘土層には、たくさんのタニシの化石が入っているので化石採集をする人たちは、よくこの河原を訪れる。なかでも伊賀市に住んでいた故奥山茂美さんは、この場所の主ともいえる存在だった（写真9）。奥山さんは、長年にわたって三重県立上野高校の先生として地学を教えていたかたわら、服部川に来ては化石を

写真9　在りし日の奥山茂美さん（谷本正浩氏撮影）

採集していた。退職後も毎日のように愛車のバイクでこの服部川を訪れ、たいへん重要な化石を数多く発見した。それらの化石のうちおもなものは、一九八一年から自費で刊行し始めた『伊賀盆地化石集』に収録されている。この化石集は一九九〇年の一〇号まで一〇年間発行し続けられた。(2)

奥山さんがこの化石集を刊行し始めたいきさつはその第一巻に書かれている。奥山さんは、一九四五年ごろから伊賀盆地の調査を始めた。大学を出て間もなくのことである。その後、何度もの中断があったが、一九七〇年代になって地質の研究に拍車がかかってきた。しかし、当時は文献も思うように集めることができなかったこともあり、採集した化石を写真に撮り、リストなどをつくってデータを収集していた。一九八〇年ごろになると、一念発起し自らの研究に三〇年の計画を立てた。その中心にしたのは化石であり、伊賀盆地の化石をまとめることであった。このようにして調査を始めると次々とこれまで知られていなかった化石を発見し始めた。最終号となった一〇号の巻頭には次のようなことが書かれている。

＊化骨皮＝普通は皮骨（ひこつ）という。皮膚の下に埋まっている骨で、ワニでは背中の部分にヨロイ状に見られる。

化石の採掘を開始した数年間は、植物、魚類、鳥類、貝類、昆虫類、カエル、ワニ、スッポン等が続々と出て来た。しかし湖及びその周辺の生物で出てこないのはカメである。

カメが住んでいなかったはずはないと考えていたが、遂に出て来た。巨大な背甲や腹甲も出たが、相前後して巨大スッポンの頭骨や大腿骨も出て来た。これらの巨大化した古生物は当時の気候や進化の系列等も推定できる貴重な資料である。

最近ウサギの頰歯も出て来たので、陸上動物の解明も徐々に可能になって来た。現状から産出を待望できるのは、ワニの化骨皮（ボニープレート）や頭骨、それから哺乳類の頭骨や歯、できれば化石人類の歯でもある。

このような願望は、私にとっては発掘作業のエネルギー源の一つにもなっている。このNo. 10は、毎年の一冊の出版であるので、化石の採掘も一〇年の経過を意味している。一〇年は夢のようにすぎ去って行ったが、最初はこれだけ沢山の化石が出て来るとは思ってもいなかった。本当に有り難いことと心から感謝している。

（奥山茂美『伊賀盆地化石集』一〇号より）

化石人類の歯を発見する夢は果たせなかった奥山さんだが、彼が発見した化石は、大山田湖の時代にどのような生き物たちが湖のなかやその周辺にいたのか、またどのような植物が生えていたのかを私たちに教えてくれるたいへん貴重なものだ。そのことからも、奥山さんの功績は大きいといえる。そんな奥山さんの発見した重要な化石のひとつに、一九九二年に発見したミエゾウの臼歯化石がある。それは長さ三五センチメートル、幅一三センチメートルもある、巨大な一本の臼歯である（写真10）。この臼歯標本は、ミエゾウがいかに大きいかを私たちに教えてくれるものである。同じく上腕骨（前足の骨）の大きな関節の部分も発見している。

奥山さんの発見よりさかのぼること五〇年以上前の一九三九年、伊賀市小杉（旧鞆田《ともだ》村小杉）からは、ミエゾウのキバと思われる化石が発見された。農業のかたわら鍛冶屋を営んでいた地元の澤井源一さん

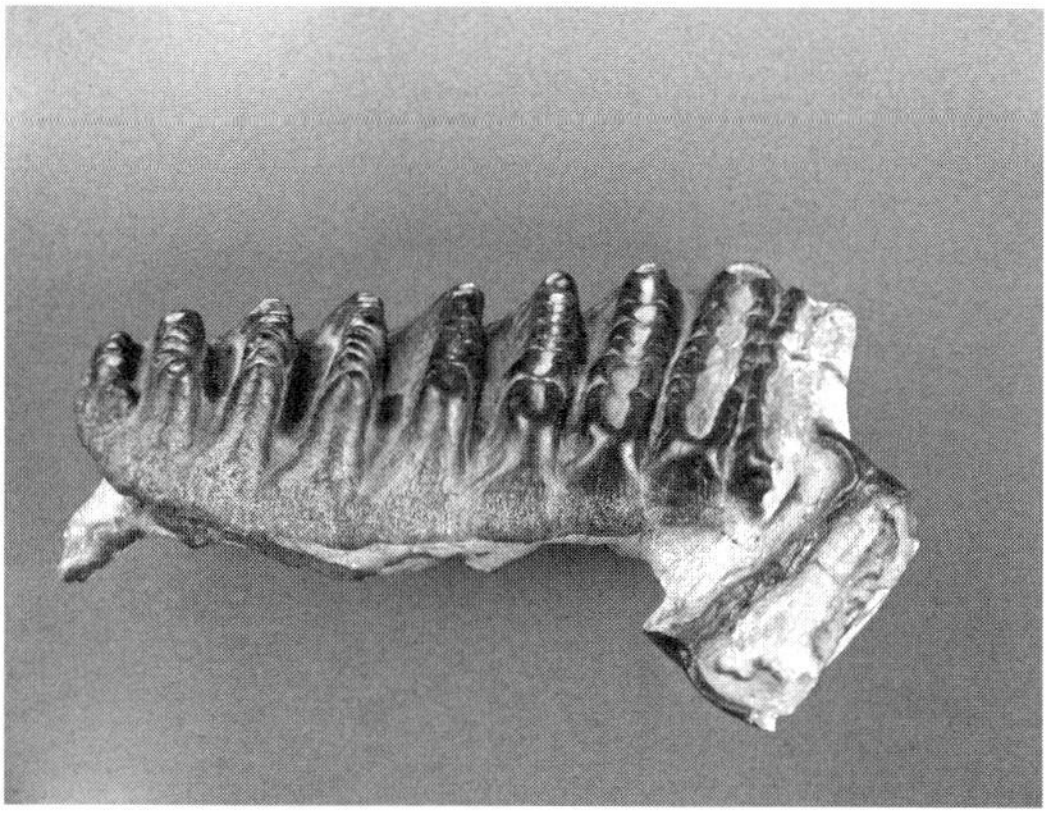

写真10　奥山さんが発見したミエゾウ臼歯化石（右下顎第三大臼歯）

は、田んぼに入れる肥料として粘土を崖から掘り出していたとき、硬くて黒いつやつやした木の根のようなものを見つけた。澤井さんは、その木の根のようなものを、色や硬さからてっきり石炭だと思った。そこで、燃料として使うために掘り出し、少し離れた広場で鍬《すき》の背中で割った後、家に持ち帰った。

家に帰って火にくべてみたもののいっこうにその黒いものは燃えないことから、ようやくそれが石炭ではないことに気がついた。そこで、近くの学校の先生に見てもらおうと、自宅に持っていったが、その先生にはそれがなんだかよくわからなかった。その先生が今度は勤めている学校に持っていって同僚の先生にも見せてみたがやはり誰もわからなかった。その後、上野高校の生物鉱物専攻の先生に見せたときに、初めてその木の根のようなものがゾウのキバの化石であるとわかった。さらに歯医者の先生にも見せたところやはりゾウのキバであることが確かめられた。そこで、地元の鞆田小学校が澤井さんからこのキバの化石を譲り受け、保管することになった。現在は伊賀市阿山町ふるさと資料館に保管されている。

このキバの化石は、私が博物館の準備室時代に各地にある古琵琶湖層群から発見された化石資料を調査していたときに見せてもらった。発見の経緯に基づいて、展示されていたキバは一本に並べて展示されていたが、実物を手にとって観察したところ、どうしても私には一本のキバとしてつなげることができなかった。そこでその場でこれは二本のキバであると説明をし、現在の琵琶湖博物館の展示ではそのキバのレプリカを二本のキバとして展示している。私がそう考えるよりも前に私と同じ考えをもった研究者が他にもいたが、発見者の澤井さんの、発見したときには一本のキバであったという話とうまく一致しないので、二本であるとする私の考えを不審に思っている人もいた。私にも発見されたときに一本のキバの化石だったものが、どうして今は二本のキバの化石として見えるのかわからないが、とにかく実物の化石を見るかぎり二本にしか見えないのでどうしようもない。

古琵琶湖層群からは他にもミエゾウと思われるキバの化石が、三重県伊賀市御代《みだい》で一九八三年に発見されている。発見場所は、大阪と名古屋を結ぶ名阪国道の御代インターのすぐ近くにある工場の敷地内で、

写真11　川口　貢さんと川口さんが発見したミエゾウのキバ化石（1994年ごろ、ご自宅で撮影）

道路の拡張工事に伴ってキバの化石は崖から発見された。当時、その工場に勤めていた川口貢さんは新しく削られた崖に丸太のような断面が出ているのを発見した。掘り出してみると長さが四〇センチメートル、直径が一八センチメートルもあり、ずっしりと重かった。後で重さを量ってみると一五キログラムもあった。川口さんは子どものときから化石に興味を持っていたので、それがゾウのキバの化石だとすぐにわかったそうだ。

この化石の断面には穴が空いている。この穴はキバの血管や神経がつまっている歯髄腔《しずいくう》である。歯髄はキバの付け根の方に開いていることや、そのキバの太さから、発見された化石はキバの付け根に近い部分だということがわかる。このキバが完全だったら三メートルはあったことであろう。このキバの化石は、私も何度か持たせてもらったことがあるが、ほんとうに太くてずっしりと重い。キバの部分的な化石からは、正確にゾウの種類を決めることはできないが、その大きさからミエゾウのキバであると考えられている。化石は川口さんが今も大切に保管している（写真11）。

このように古琵琶湖層群からのミエゾウあるいはミエゾウと思われる化石は、現在の三重県伊賀市に分布している上野層や伊賀層の地層から発見されている。その時代は、上野層や伊賀層のなかでもおよそ三五〇〇万年前〜三六〇〇万年前に集中している。

小型のアケボノゾウ

ミエゾウの化石が発見される上野層や伊賀層より新しい時代の地層である阿山層や甲賀層からは、これまでにゾウの骨や歯の化石が発見されていない。次にゾウの化石が発見されるのは、それらよりもさらに新しい蒲生層の時代になってからである。この蒲生層から発見されるゾウは、初めにお話したようにアケボノゾウである。アケボノゾウやミエゾウは、どちらもステゴドンゾウというゾウ類の一種である。ステゴドンという学名は、ギリシャ語の「屋根型の歯」という意味に由来していて、その名が示すように臼歯を横から見ると屋根型の稜《りょう》がいくつも組み合わさったように見えるのが特徴である。

同じステゴドンゾウの仲間といっても、アケボノゾウはミエゾウと違って肩の高さは二メートルほどしかない小型のゾウである。このゾウもこれまでアケボノゾウという名前のほかに、アカシゾウ、ショウドゾウ、カントウゾウ、スギヤマゾウ、タキカワゾウなどとさまざまな名前で呼ばれていたが、一九九一年になってこれらのゾウ化石は、同じ種類のゾウ化石であるとされ、そのなかで最も古い時代に名づけられたアケボノゾウという名前に統一された。

最初にお話した蒲生層から発見されたアケボノゾウ化石は多賀町からであったが、他にも同じ琵琶湖東部の日野町の佐久良《さくら》川河床や琵琶湖西部の大津市千野町などからも、臼歯化石や後ろ足の一部の化石が発見されている。しかし、多賀町以外の場所で発見されているアケボノゾウは、地層のなかから発見されたものではなく、地層から洗い出された後に河原などで発見された化石なので、化石の確かな時代はわかってはいない。

マンモスゾウの仲間シガゾウ

ミエゾウやアケボノゾウの化石が出るよりもまたさらに新しい時代の地層である堅田層からはシガゾウが発見されている。シガゾウの基準になる標本は、琵琶湖西部の滋賀県志賀町小野（現在大津市小野）で発見された。このため、シガゾウという名前がつけられた。

この基準になる標本は、一九五九年に国立科学博物館から出された報告書によって公表されている。それによれば、この標本は東京に住んでいた魚住政二さんが所有していた臼歯化石であり、志賀町小野で発見されたものであると報告されている。(3) この論文では発見年代についての記載はなかったが、大津市堅田在住だった故結城実誠さんの書かれた「近江産旧象化石（一九六〇年発行）」には、一九四九年か一九五〇年ごろに大津市伊香立下竜華の山田秀之助さんによって水田の整理作業中に発見されたと書かれている。(4) 実物は国立科学博物館に保管されている（写真12）。

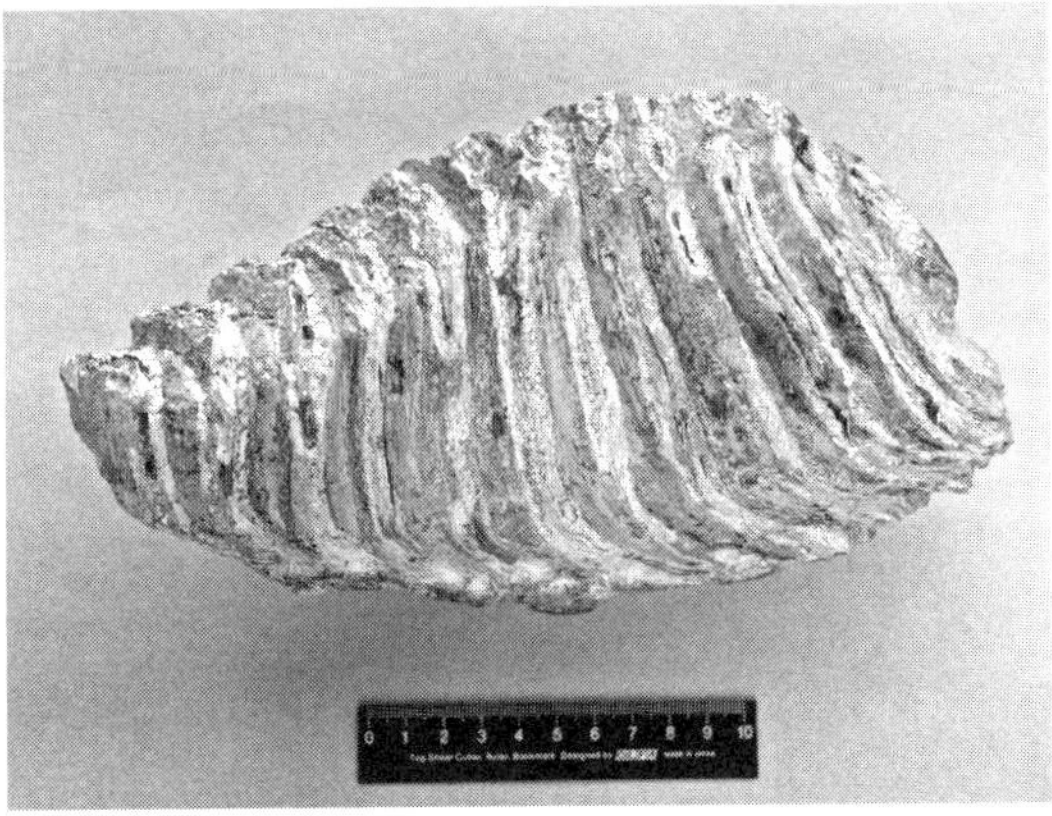

写真12　シガゾウのタイプ標本（国立科学博物館所蔵）

この基準になった標本以外にも堅田層からは七個の臼歯や下顎の化石が発見されている。そのうち、発見された地層がはっきりとわかる標本は、いずれもおよそ七〇万年前の地層から発見されている。

シガゾウは、あの毛の長いマンモスゾウと同じ系統のゾウで、マンモスゾウよりは古い時代に生きていた。このようなゾウは古型マンモスなどと呼ばれることもある。シガゾウのものとよく似た形の臼歯化石は日本各地からも発見されていて、このゾウもいろいろな名前で呼ばれてきた。最近になって報告された東アジアのマンモスゾウ類をまとめた論文のなかでは、日本から発見されているシガゾウのようなゾウをすべて、ヨーロッパで発見されているトロゴンテリィゾウと同じものだとしている。[5]

龍骨の発見

シガゾウが発見される堅田層からはもうひとつ別の種類のゾウ化石

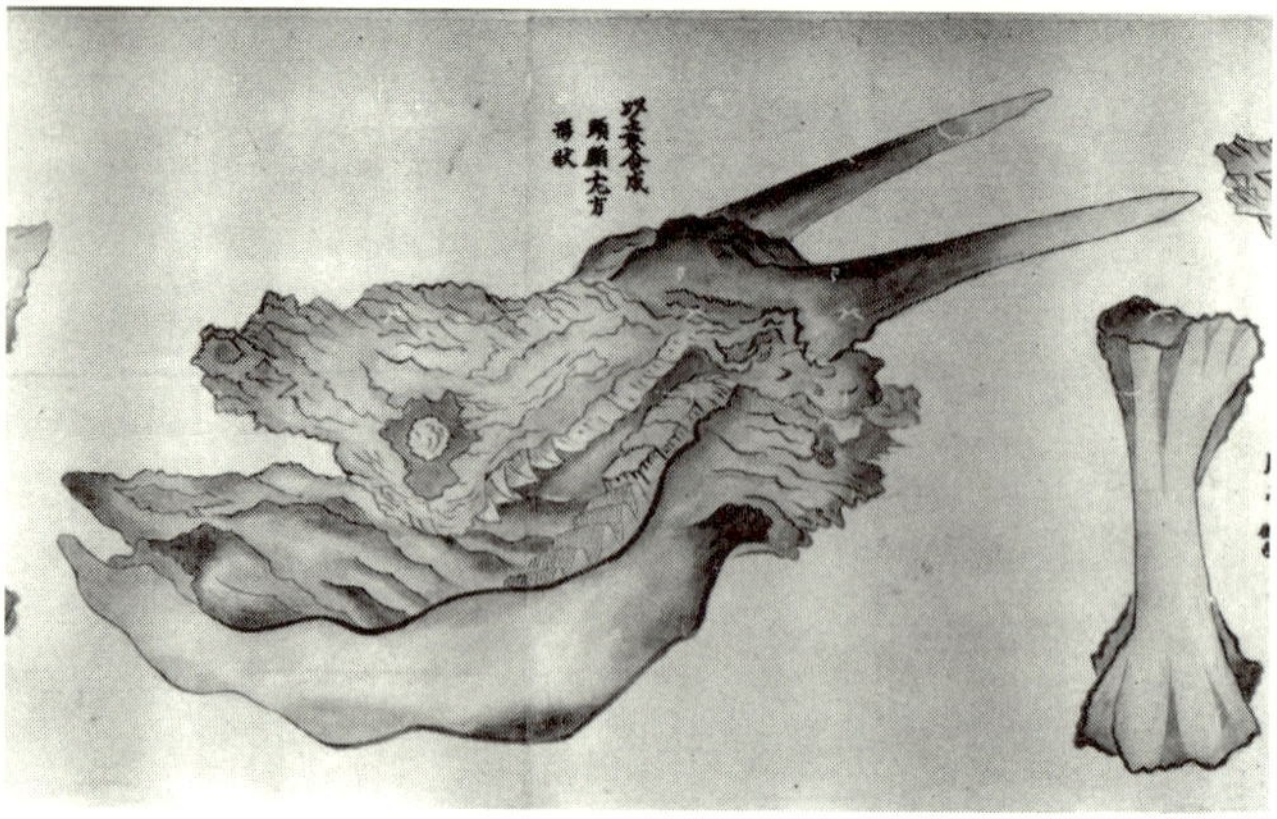

写真13　龍骨図の一部（琵琶湖博物館所蔵）

が発見される。トウヨウゾウと呼ばれるゾウである。同じ地層といってもトウヨウゾウの方がシガゾウよりもやや新しい時代から発見されている。

文化元（一八〇四）年一一月一八日（旧暦）、近江国滋賀郡南庄（現大津市南庄）西方の小さな丘を掘り起こしていた市郎兵衛さんは二メートル四〇センチほど掘り下げたところで貝の化石とともに不思議なものを見つけた。それは獣の骨のようなものだったので、軒下に積んでおいたところ大勢の人が見に来るようになり、とうとう膳所《ぜぜ》藩主の本《ほん》多《だ》康完《やすさだ》公に献上されることとなった。当時の識者が検討したところ、この獣骨のようなものは「龍骨《りゅうこつ》」だということになった。龍骨の発見は、中国の故事に従えばたいへんめでたいことであるとされていることから、市郎兵衛さんには褒美として「龍」という姓が与えられ、発見した場所の租税を免除された。また、発見した場所は「龍ヶ谷」と改称し、「伏龍祠《ふくりゅうし》」が建てられた。これらのことは、当時の有名な儒学者である皆川《みながわ》淇園《きえん》により『龍骨之図』序文に書かれている。また、発見された龍骨の絵は画家の丸山応挙の門人であった植田耕夫《こうふ》によっ

写真14　龍家所蔵の龍骨図に描かれている龍骨発見場所の様子

て描かれ、その絵は今も残っている。(6)

この龍骨図に関しては、一九九七年に京都文化博物館で行なわれた特別展に関係して当時主任学芸員であった鈴木忠司さんと滋賀県甲南町在住の地質研究者の松岡長一郎さんとによって調査が行なわれたことがある。その結果、龍骨図は全国に五点があることがわかり、それらの絵を比較したところ、耕夫以外の署名があったり、四肢骨の絵がぬけていたりしたものがあったりで、原本以外に後に複製されたものが含まれていることが明らかとなった。そこで、龍骨の発見年月日に合い、しかも淇園と耕夫の署名のある龍骨図を探したところ、原本は埼玉県の個人が所蔵しているものであることがわかった。琵琶湖博物館にも寄贈を受けた龍骨図のひとつが保管されている（写真13）。

発見された龍骨は、膳所藩主だった本多家から一八七四年に皇室に献上された。その翌年に日本に招かれたドイツ人の地質学者エドムント・ナウマン博士は、この化石を研究し、ステゴドン・インシグニスというゾウだとして一八八一年にドイツの古生物学の雑誌に報告した。残念ながらナウマン博士のつけた名前はその後の研究で訂正され、現在ではステゴドン・オリエンタリスという学名になっている。和名ではトウヨウゾウと呼ぶ。実物は、国立科学博物館に保管されている（写真15）。

この大津市のトウヨウゾウの発見された場所にいくと、今でも祠《ほこら》が残っている。しかし、その位置はこの周辺で近年に行なわれた圃場《ほじょう》整備のために、骨を見つけた位置からはずいぶんと低くなった場所に移し変えられている。今では発見された丘もまったく見られず、当時の様子をしのぶことはできないのが残念である（写真16、17）。

河原から発見されるナウマンゾウ

これまで述べてきたミエゾウ、アケボノゾウ、シガゾウ、トウヨウゾウは、古琵琶湖層群から発見されたゾウたちであった。しかし、琵琶湖の周辺からはさらにもう一種類別のゾウ化石が発見されている。それは、ナウマンゾウの化石である。このナウマンという名前は、ト

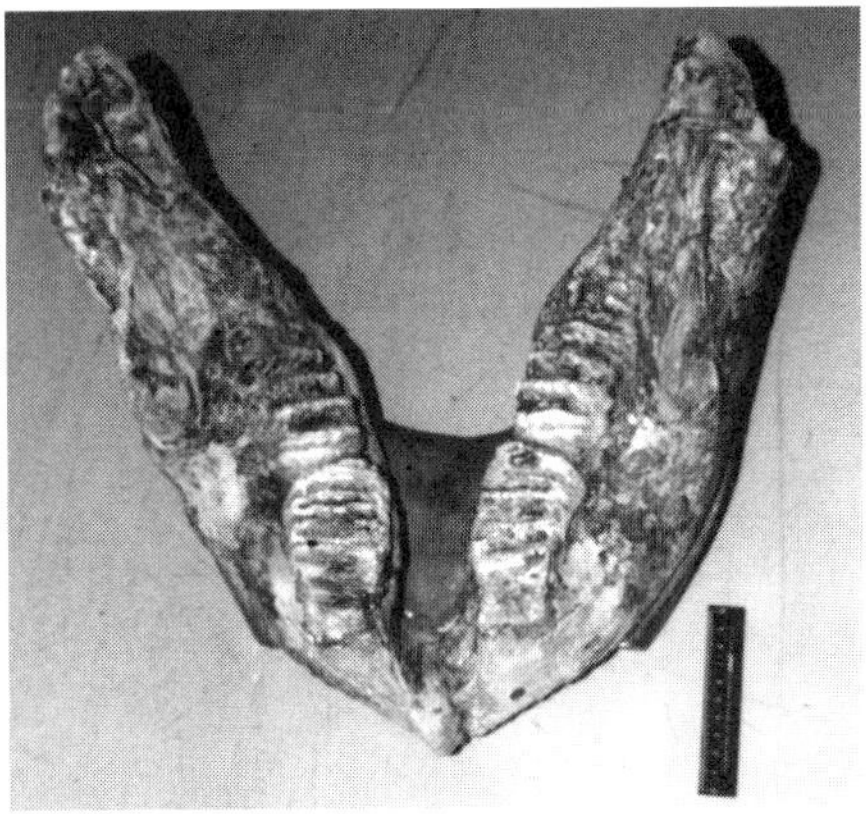

写真15　大津市南庄から発見されたトウヨウゾウの下顎化石（国立科学博物館所蔵）

写真16　圃場整備前の伏龍祠付近の様子　祠は中央の木立のところにある（大津市南庄、1991年撮影）

写真17　今も残る伏龍祠

ウヨウゾウのところでお話したドイツ人のナウマン博士にちなんでつけられたものである。

琵琶湖の周辺で最もたくさんのナウマンゾウの化石が発見されているのは、先にアケボノゾウのところでお話した多賀町を流れる芹川《せりかわ》という川からである。ここからは、これまで一七点のナウマンゾウ臼歯やキバの化石が発見されている。しかも、その発見される場所は、久徳橋のすぐ上流から下流の名神高速道路の下流までのおよそ二・五キロメートルほどの範囲に限られている（図9）。

最初にこの場所からゾウ化石が発見されたのは、一九一六年のことである。近くの子どもが見つけ、京都大学の槇山次郎先生がトロゴンテリィゾウとして学界に報告をした。その後もこの標本だけは、この地域で見つかった他の標本と違ってトロゴンテリィゾウというゾウであると信じられていた。少なくとも一九九一年に古琵琶湖層群の化石をまとめた文献にもそのように書かれている。私は、なぜこの標本だけがトロゴンテリィゾウなのか、琵琶湖博物館の準備室に入った一九九〇年ごろには不思議に思っていたが、一九九二年に実物の標本を観

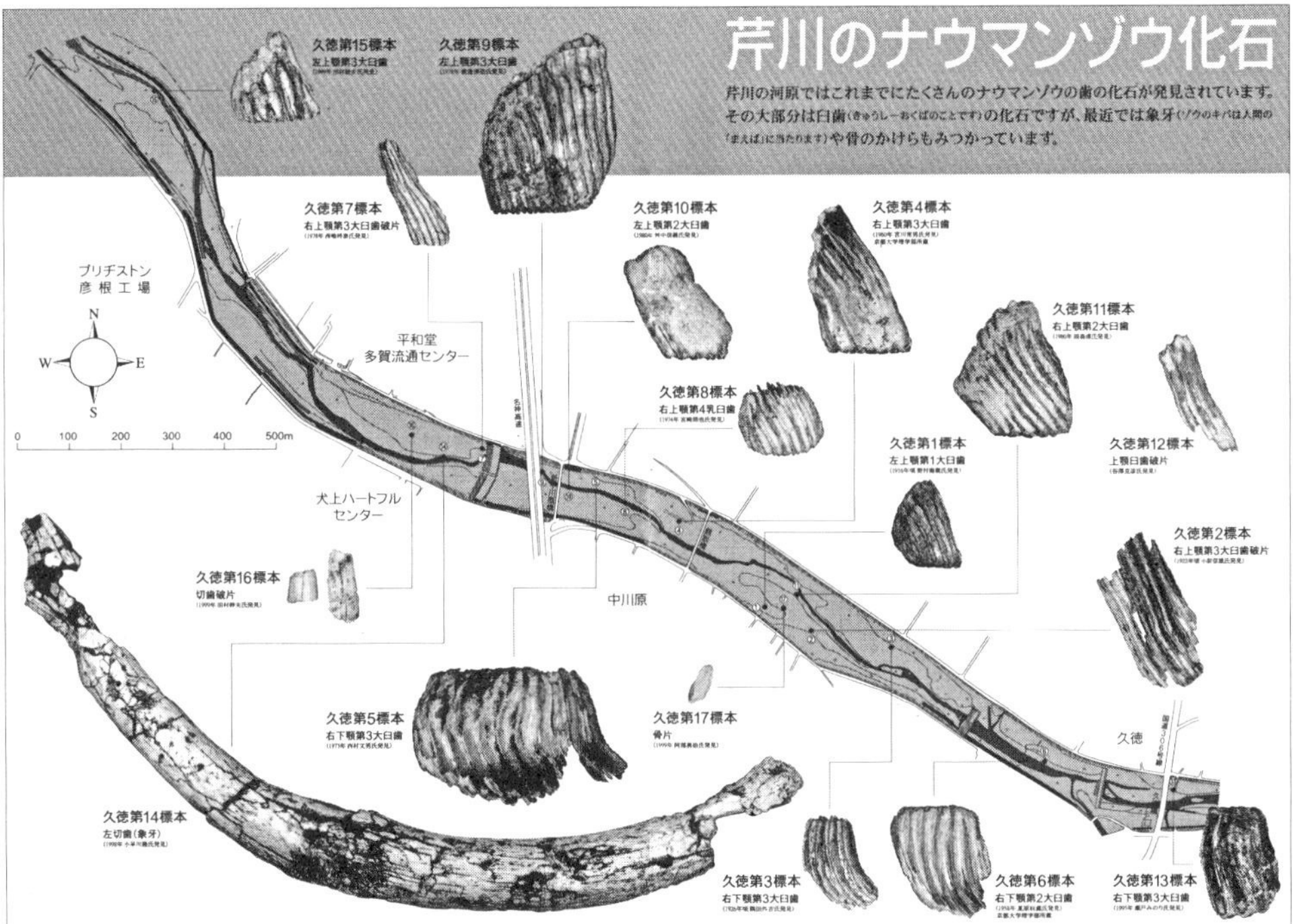

図9　多賀町を流れる芹川から発見されたナウマンゾウ化石　(多賀の自然と文化の館特別展リーフレット「ナウマンゾウが多賀町にいたころ」1991より転載)

察させてもらう機会がやってきた。その当時は、現在化石が保管されている多賀の自然と文化の館はなく、多賀大社と同じ伊邪那岐命《いざなぎのみこと》・伊邪那美命《いざなみのみこと》を祭る胡宮《このみや》神社に隣接する多賀町歴史民俗博物館に展示されていた。展示室に入ると、標本は整然と展示されていた。展示室に置かれた芹川から発見されたゾウ化石はどれも白い色をしているなかで、ひとつだけ黒っぽい色をした標本があった。それが槇山先生がトロゴンテリィゾウとした化石であった。確かに他の標本と比較すると異質な感じがした。手にとって臼歯の形態を見てみると、臼歯の咬む面に見られるエナメル質の模様はトロゴンテリィゾウといえなくもないが、それはナウマンゾウの上顎の歯の特徴とも一致していた。偶然にもこの臼歯は二つに割れていたので、内部も観察することができたが、その色は外側とは違い他の標本と同様に白い色をしていた。臼歯に見られる特徴や計測値から、私はこのときにこの標本がナウマンゾウであることを確認することができた。

芹川から発見されるナウマンゾウの謎はさらにある。一九一六年に芹川でゾウの臼歯化石が発見されて以来、その後も芹川の増水の後にゾウ化石の発見が相次いだ。しかし、それらの化石はどれも河原から発見されたので、いったいどこから出てくるのかわからなかった。臼歯の表面はあまり削れていなかったので、それほど遠くから流されてきたものでないという人もいたが、ナウマンゾウの化石が入っていそうな地層が近くに露出していなかったので、どこから流されてきたのか皆が不思議に思っていた。それら臼歯の外観が白い色をしているのは、石灰岩の洞窟《どうくつ》から見つかる化石の色に似ており、芹川の上流に石灰岩が分布していることから、上流の石灰岩の洞窟にあった化石が洗い出されて、発見場所のあたりに堆積したと考える人もいた。また別の人は、砂や小さな石が臼歯化石の表面にこびりついていることがあることや、化石が集中して発見される場所より上流からはナウマンゾウの化石が発見されていないことから、化石が集中して発見される場所付近の段丘の堆積物から洗い出されたと考えた。いろいろな考えが出されたが、結局、ナウマンゾウの化石はどこから出てきたのか、誰にもわからないままでいた。

そんななか、一九九八年に多賀町のアケボノゾウの発掘のきっかけをつくった小早川隆さん、雨森清さん、田村幹夫さんらは、芹川の河原を調査中にふたたびゾウのキバの化石を発見したのである。小早川さんは、河原の水際に白いキバの一部を発見したときに、五年前に見たあのアケボノゾウのキバのことをすぐに思い出したそうだ。しかし、今回のキバは、アケボノゾウのものではなく、ナウマンゾウのものだった。その長さは二メートル一〇センチもある立派なキバだった。キバの化石は、河原の石のなかに埋もれていたのだが、よく観察してみると現在の河原の表面にある石とは違って、その下にある昔の礫層のなかにキバ化石が埋もれていることがわかった。このことによって、このあたりから発見される他のナウマンゾウ化石も、この現在の河原の下に埋もれている地層から洗い出されてきた可能性が高くなった。このキバ化石が発見された場所の下流にはAT火山灰（およそ二万九〇〇〇年前～二万六〇〇〇年前に降った火山灰）が見られ、地層の傾きの状態から判断して、化石が発見された場所はこの火山灰よりもやや古い時代の地層であることがわかった。なんと、最初の化石が芹川から発見されてから八〇年以上もたって、ようやく化石がどこから出てくるのかがわかってきたのである。
このように琵琶湖の周辺からはさまざまなゾウ化石が発見されている。今の日本では、生きているゾウは動物園やサファリパークのようなところ以外では見られなくなってしまったが、数万年前までは琵琶湖のほとりでも生きている野生のゾウを見ることができたのである。そのことを思うととても不思議な気持ちになる。

琵琶湖のまわりにいったいいつから人が生活するようになったのかは、今のところはわかっていない。しかし、日本全国の旧石器時代の調査からは、確かな人の証拠は四万年前までさかのぼることができるようである。おそらく琵琶湖のまわりにも四万年前には人が生活をしており、悠々と歩くナウマンゾウの姿を見ていたに違いない。

ところで、ゾウ化石を調べていて不思議に思うことがある。それは、なぜか時代の移り変わりに伴って種類も替わっていくのである。なぜ、このようなことが起こったのだろうか。これはゾウ化石にだけに見られる特殊な現象なのであろうか。この答えを見つけるために、もう少し古琵琶湖層群で発見される他の化石についても見ていく必要があるようだ。

第2章　古琵琶湖の時代をさぐる

写真18　200万年以上の時を隔てて足跡が重なる　滋賀県湖南市、野洲川で発見されたゾウの足跡化石に自分の足を重ねる子ども

古琵琶湖層群の貝類化石

古琵琶湖層群からはゾウ以外にもたくさんの化石が発見されている。それらは陸上動物では、シカ、サイ、イノシシ、ウサギ、ネズミなどの哺乳類、植物ではさまざまな種類の樹木の立ち木、葉、実、タネなどである。もちろん昔の琵琶湖やその周辺の川などの水中で生活をしていた貝類、魚類、ワニやカメなどの化石も発見されている。さらに、水辺で生活する鳥類の化石や陸上動物の足跡化石などもたくさん発見されている。顕微鏡を使えば、珪藻《けいそう》や花粉などの非常に小さな化石も見つけることができる。豊富な化石が見つかることが古琵琶湖層群のすばらしいところだ。

これらの化石を調べることで当時の湖やその周辺の環境もわかってくる。貝類の化石を調べた豊橋市自然史博物館の松岡敬二さんによれば、古琵琶湖層群からはこれまでに五科二二属六七種もの貝類が発見されているそうだ。そして、四五〇万年におよぶ琵琶湖の歴史のなかで、その種類構成に大きな変化のあった時期が五回あったとしている(7)。

いちばん古いのは、上野層から阿山《あやま》層下部までの時代で、大山田湖と阿山湖前期にかけての貝類群集である。先ほどのゾウ化石でいえばミエゾウの生きていた時代である。この貝類群集を松岡さんは「伊賀動物群I」と呼んでいる。その特徴のひとつは、タニシの仲間がたいへん繁栄した貝類群集であったことだ。これは、当時の湖の沿岸部に巻貝が利用できる水生植物や藻類が豊富にあったことを示していると考えられている(写真19)。

このようにタニシの仲間が他の貝よりも繁栄している湖は、現在の日本の湖には見られないが、中国の湖ではこのような状態がむしろ普通だそうで、大山田湖はその点から大陸的な湖だったといえる。

そのことは、「伊賀動物群I」を構成する貝類の種類を見ても、現在の中国大陸の平野部で見られるガマノセガイの仲間、クサビイシガイの仲間、ハコイシガイの仲間、チヂミドブガイの仲間が多く含まれることと調和的である。なかには現在アフリカや西アジアに仲間がいる

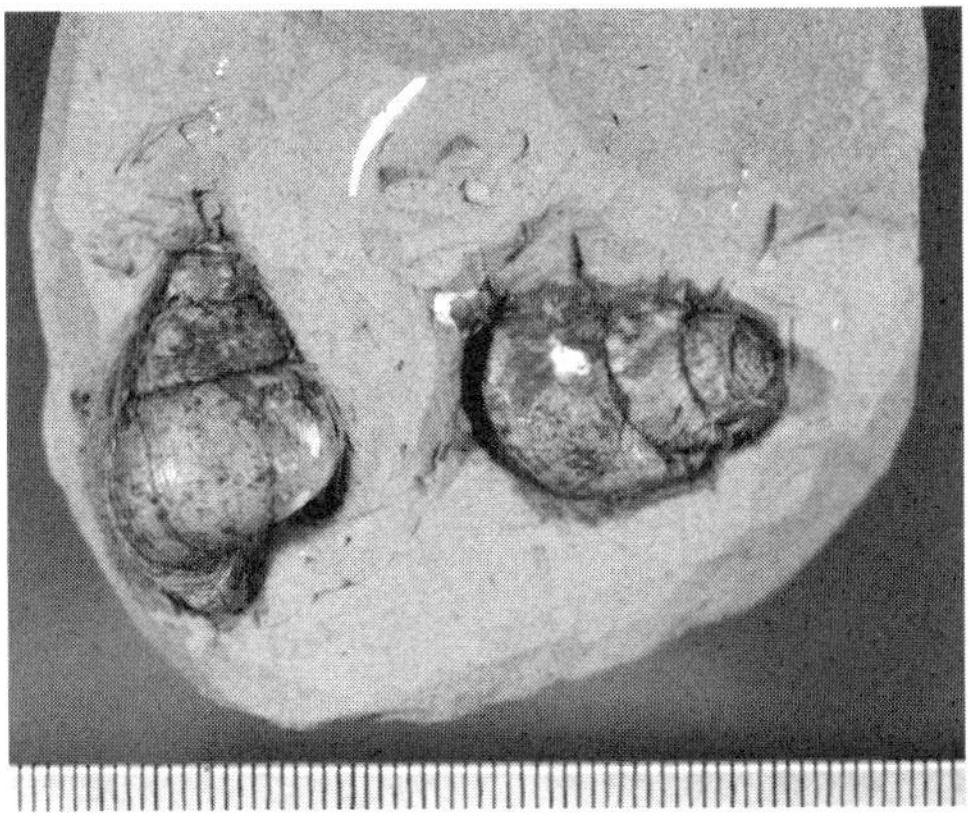

写真19　イガタニシの化石　目盛は1ミリメートル

アフリカヒメタニシの仲間やチビイシガイの仲間の化石も含まれていて、全体的にこの貝類群集は、熱帯から亜熱帯地域と関連した要素が感じられるとしている。

二番目は阿山層上部から甲賀《こうか》層までで阿山湖が深くなったときの群集と考えられている。この時代はゾウ化石が発見されていない時代である。この貝類群集は、「伊賀動物群Ⅱ」と呼ばれている。伊賀動物群Ⅰに比べ、発見されている種数はずっと少なくなり、前時代に繁栄した伊賀動物群Ⅰの衰退期の貝類群集だと考えられている。

三番目は蒲生《がもう》層の時代で、大きな湖がなくなって沼地や湿地が広がった時代の群集で、「蒲生動物群」と呼ばれている。アケボノゾウの生きた時代だ。貝類の種類はそれまでと一変する。その前の伊賀動物群と共通する種はなく、この時期に新しく出現した種だけで構成されている。それらは、いずれも浅い水域に棲むものばかりで、当時の水域の状態を示しているようだ。これらの種類は現在の中国や東アジアに棲んでいるものが多いのが特徴である。

四番目は堅田《かただ》層下部から中部の時代であり堅田湖前半の群集で、「堅

時代	地層名		貝類群集
	古琵琶湖層群	伊香立層	
100万年前		堅田層	堅田動物群Ⅱ
			堅田動物群Ⅰ
		草津層	
200万年前		蒲生層	蒲生動物群
300万年前		甲賀層	伊賀動物群Ⅱ
		阿山層	
		伊賀層	伊賀動物群Ⅰ
400万年前		上野層	

図10　古琵琶湖層群の貝類群集の移り変わり（松岡、1998をもとに作成）

田動物群Ⅰ」と呼ばれている。シガゾウの時代である。蒲生動物群で見られた貝類はすべて絶滅してしまい、この時代にはふたたび新しい種類の貝が出現する。その構成種を見ると、中国大陸の種類は減って、現在の北アジアに棲んでいる仲間が見られるようになるのが特徴である。

最後は堅田層上部の時代で堅田湖後半の群集である「堅田動物群Ⅱ」と呼ばれている群集である。シガゾウからトウヨウゾウに移り変わる時代である。この動物群に見られる貝類は湖の沿岸に棲んでいる種類で、中国大陸に現在見られるような種類は見られなくなる。そして、すでに堅田動物群Ⅰでも見られていたような現在の琵琶湖の貝類群集にさらに近い群集構成となっていった（図10）。

このように、古琵琶湖層群の貝類化石を古い時代から新しい時代へと見ていくと、そこにはゾウ化石と同様に貝類群集にも入れ替わりが見られる。そして、古い時代の貝類群集には、なにやら大陸との関係を感じさせる要素があるのだが、なぜそうなっているのかは、貝の化石を見ているだけでは十分に理解することはできない。なにかがわかりそうなのだが、それがなんなのかすっきりとしないのである。ともかく、貝類の化石を時代を追って見ることで、ゾウ化石で見てきたのと同じような種類の入れ替わりは確認できたのだ。

古琵琶湖で栄えたコイ類

次には、貝類と同じように湖のなかに棲んでいた魚の化石を見てみよう。古琵琶湖層群からは一匹分の魚の化石はほとんど発見されないが、魚の歯の化石はたくさん発見されている。それらは特にコイの仲間の化石である。

コイの仲間は、現在、淡水に棲む魚のなかでは大きな勢力を持っている。私たちがよく池などで見かけるコイは、分類学上はコイ目《もく》コイ科に属している。コイ目には五科が含まれているが、このうち現在日本に生息しているのは、コイ科とドジョウ科の二つの科である。五科のうちで群を抜いて発展しているのはコイ科魚類でユーラシア、北ア

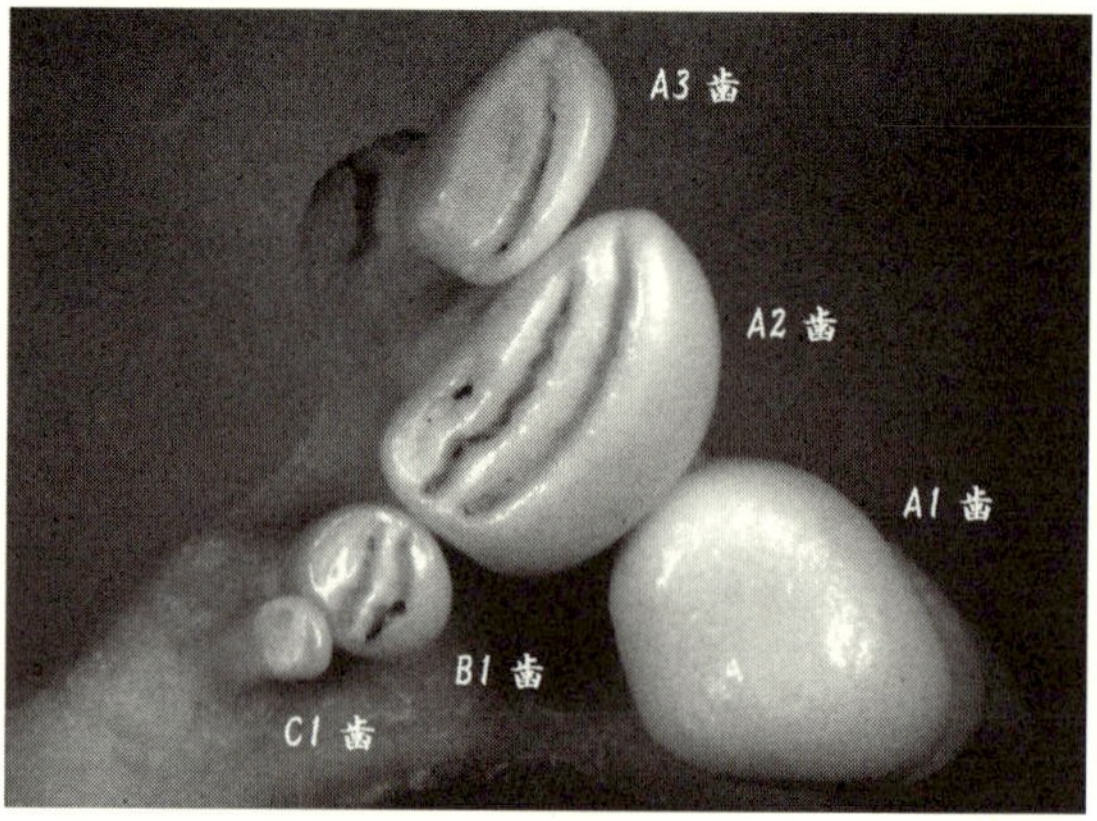

写真20　現生コイの咽頭歯　コイの咽頭歯はA、B、Cの３列に並ぶ。A2歯の溝が３条見られる（中島経夫氏撮影）

メリカ、アフリカの各大陸に現在二二〇属二四二〇種が生息しているとされる。

古琵琶湖層群からたくさん発見されるコイ科魚類の化石は、咽頭歯《いんとうし》と呼ばれる歯の化石である。コイ科魚類は口に歯を持たず、喉のところに大きな歯を持っている（写真20）。喉の部分は咽頭《いんとう》ともいうので、その歯を咽頭歯という。コイ科魚類の咽頭歯は大きく丈夫なので、化石として残りやすく発見もされやすい。また、種類ごとに形が違うので、化石で発見された歯を調べると、古琵琶湖の時代にどのようなコイの仲間が棲んでいたのかがわかる。

琵琶湖博物館の中島経夫さんは、このコイ科魚類の咽頭歯を長年にわたって調べている[8]。中島さんの研究によれば、古琵琶湖のなかで最も咽頭歯の化石が多く発見され、また、たくさんの種類が出ているのは、最初の湖である大山田湖だそうだ。大山田湖で発見されるコイ科魚類には、ウグイ亜科、クルター亜科、クセノキプリス亜科、タナゴ亜科、コイ亜科の魚がある。これらのなかで最も多く発見される咽頭歯は、コイ亜科のものであるという。コイ亜科には、コイ属とフナ属などが含まれていて、なかでも大山田湖ではコイ属の咽頭歯が大半を占めている。この湖にはコイ属の魚がたくさん泳いでいたことが想像できる。

次に多いのが、クセノキプリス亜科の咽頭歯である。クセノキプリスという名前は聞き慣れない名前であるが、それもそのはずで、この仲間は現在の日本にはいない。しかし、お隣の中国では普通に見られるコイ科魚類だそうだ。同様なことはクルター亜科にもいえる。このグループの魚は、現在の日本ではワタカという種類しか生きていない。それも琵琶湖にしか生息していない。江戸時代の文献には福井県の三方五湖にも生息していたことが書かれている。その三方五湖で一九九二年に体長二三センチメートルの個体が一匹採取されたが、それ以降は目撃がなく、この一匹は自然のものではなく、持ち込まれたものであると考えられている。

ところが、縄文時代の遺跡を調べてみると、三方五湖をはじめ奈良県の遺跡からも、ワタカの咽頭歯が発見される。(9) どうやらこのころまでは、ワタカは現在よりも広い分布をしていたものが、江戸時代のこ

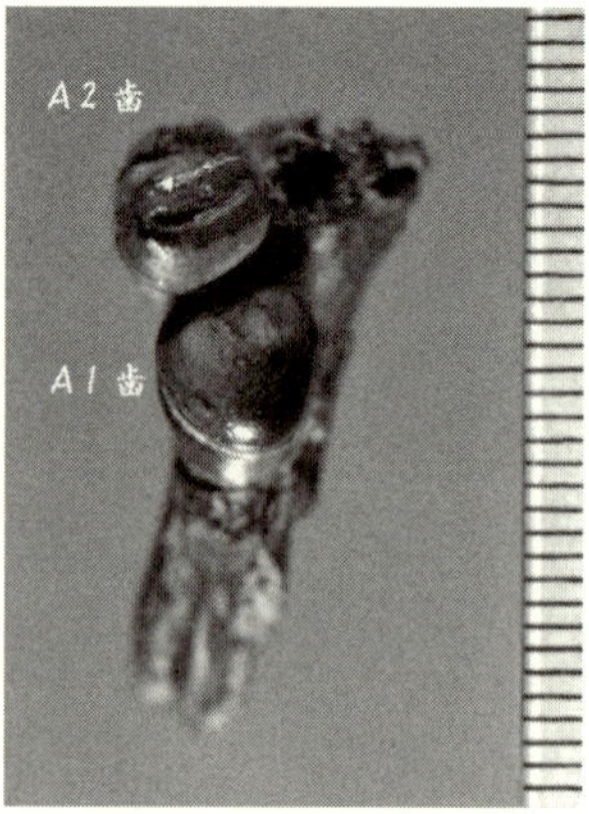

写真21　オクヤマゴイの咽頭歯Ａ2歯には１条しか溝が見られない　目盛は1ミリメートル

ろには琵琶湖と三方五湖だけに残り、そして現在では琵琶湖にだけ残って、琵琶湖の固有種となってしまったようだ。

　大山田湖にはさらに特徴的な魚がいた。それはオクヤマゴイと呼ばれているコイである。このコイの正体は正確にはわかっていないが、現在のコイのA2歯（骨に並んでいる歯のうち内側から二列目、前から二番目の歯）には溝が三条あるのに対して、オクヤマゴイには一条しかない特徴を持っている（写真21）。このような歯を持つコイは現在の日本にはいないが、中国南部の雲南省や広西壮《コアンシィチュワン》族自治区にある湖には四種類も生きていて、それらはメソキプリヌス亜属と呼ばれているそうだ。やはり大山田湖のコイ科魚類は、貝類と同様に中国の湖と関係があるらしい。ただし、現在中国にいるメソキプリヌス亜属のコイたちは体長が二〇センチメートルほどの小型のものであるが、大山田湖で見つかるオクヤマゴイはその歯の大きさから体長が一メートルを超えると推定されていて、大きさに関してはずいぶん違うようだ。

　次の阿山湖の時代になると魚類相が一変する。化石の数が少なくなるとともに出てくるコイ科魚類はコイ亜科とクセノキプリス亜科だけになってくる。そして、コイ亜科のなかでは大山田湖で多かったコイ属は少なくなり、代わってフナ属の化石が多く発見されている。コイの湖からフナの湖へと変わっていったのだ。

甲賀湖の終わりの時代になると化石の数はもっと少なくなるが種類は阿山湖の時代よりタナゴ亜科の魚が増える。

そして堅田湖の時代ではふたたび魚類相は豊かになり、亜科数では大山田湖の時代と同様になる。この時代に出る咽頭歯を多い順に並べると、コイ亜科、クセノキプリス亜科、クルター亜科、カマツカ亜科、ウグイ亜科であり、コイ亜科のなかでは依然としてフナ属の方がコイ属よりも多い傾向は続いている。ただし、コイ属の咽頭歯も決して少なくはない状態である。

大山田湖の時代の植生

ここまで、古琵琶湖層群から発見されるゾウ、貝、そしてコイの仲間の化石が同じように時代とともに入れ替わっていくことをかけ足で見てきた。ゾウは陸上で生活しているが貝や魚は水のなかで生活をしている。なぜ、古琵琶湖層群から発見される動物化石は、時代の移り変わりとともに変化していったのだろうか。

古琵琶湖層群から発見される魚や貝など湖のなかで生活していた動物の化石を調べた人たちは、その原因をおもに湖の環境の変遷に求めた。先に書いたように琵琶湖は現在の三重県伊賀市のあたりに誕生し、大きさや深さを変えながら、徐々に北上してきたと考えられている。その結果、時代ごとに湖の環境は確かに変化していった。そのために、新しい環境に適応できない古い種が絶滅し、新しい種類が繁栄することが繰り返されたと考えてきた。貝や魚などの湖のなかで生活する動物については、このような説明でもひとまずは納得できるかもしれない。しかし、陸上で生活していたゾウはどうなのだろうか。湖の環境の変化は、ゾウのような陸上で生活する動物には、それほど大きな影響を与えなかったことは少し考えればすぐにわかる。では、どうしてゾウの種類は、時代とともに移り変わっていったのだろうか。そして、その原因は貝や魚が移り変わっていった原因とは違うのだろうか。このことを考えるためには、もう少し詳しく古琵琶湖の動植物化石や湖のおいたちを見てみる必要がある。

まずは、古琵琶湖の最初の湖である大山田湖が誕生したころから見てみよう。このころはどのような環境であったのだろうか。四〇〇万年以上も昔の環境がどのような状態であったのかを調べることは容易なことではない。たとえば、当時はどのような気候だったのか、そしてどのような植物が湖のまわりに生えていたのかを知ろうと思えば、この時代の植物化石を見つける必要がある。しかし、実際には化石資料が少ないことに加えて、古い時代では現在では絶滅してしまった種類も多く、それらの植物がどのような温度条件で生えていたのかを推定することが困難な場合も少なくない。

こういったなかで森林をつくっている広葉樹の葉の縁の形、大きさ、厚さ、先端の形、葉脈などの特徴が、気候の推定に役立つことが知られている。たとえば、熱帯雨林では葉の縁がギザギザせず（全縁葉《ぜんえんよう》）、厚みがあり、先端が尖った葉を持つ樹木が多い。これに対して温帯から寒帯の落葉広葉樹林では、葉の縁がギザギザして、厚みが薄い葉を持った樹木が多い。このようななかでも特に葉の縁の形は、気温との関係が深いといわれ、東アジアの熱帯降雨林から温帯北部の針葉樹と広葉樹の混じった林では、全広葉樹種に対するギザギザしない葉を持つ樹木種の比率（全縁葉率）が、年平均気温とよく対応した関係にあることが知られている。このことを利用して古気温を推定した研究がある。[10]

それによれば、琵琶湖が誕生するはるか昔の四〇〇〇万年前ごろの本州西部や北九州では年平均気温がおよそ摂氏二一度あったと推定されている。その後、三六〇〇万年前ごろに向かって気温が急速に低下した。このような急速な気温低下は、日本を含むアジア大陸中緯度地域の植生を大きく変え、二五〇〇万年前ごろまでには亜熱帯性の落葉広葉樹は消滅し、その後にあった温暖化の時期にも復活しなかったようだ。これは、単に温度が下がったことだけではなく、この時代に一年の夏と冬の温度差が増大したからだと考えられている。

二〇〇〇万年前ごろになると冷温期を迎え、本州で年平均気温がおよそ摂氏八度程度しかなかったらしい。そして、一七〇〇万年前に温暖期となり摂氏一四度～一六度となったが、その後は多少の気温変化を繰り返しながら二五〇万年前に向かって冷温化したらしい。四五〇万年前から始まる古琵琶湖層群のなかで、その誕生期にあった大山田湖は、この温暖な時代から寒冷化へと向かう時代にできた湖であった。

和歌山大学の此松《このまつ》昌彦さんは、大山田湖の時代すなわち上野層と伊賀層の植物化石について、それまでの研究結果と新たな資料を併せてまとめている。(11) それによれば、これらの時代からは二五科四二属の植物化石が見られるという。このうち上野層の時代の様子は次のようであったと考えている。

大山田湖やその周辺にあった小さな沼では、シキシマミクリ、シキシマコウホネなどの水中の水草やヒメビシなどの水面にまで浮く植物が広がっていた。そして、湖の周辺の湿地や平野には高木のメタセコイアやスイショウなどの木々がそびえ、その間にはヌマミズキ属、エゴノキ、ハンノキなどの落葉広葉樹が茂っていた。さらにその背後にはフジイマツ、イヌカラマツ、セコイアなどの針葉樹とクスノキ属、ツゲなどの常緑広葉樹、フウ属、タイワンブナ、ペカン属、コナラ亜属、チャンチンモドキなどの落葉広葉樹などが生え、針葉樹と広葉樹が入り混じった森をつくっていたらしい（写真22）。

この上野層の時代の木々は、亜熱帯から温帯にかけて分布する種類が多く見られ、特にフジイマツ、イヌカラマツ、スイショウ、メタセコイア、コウヨウザン、ペカン属、アカガシ亜属、エゴノキなどはもっと前のさらに暖かかった時代に繁栄していた植物たちであった。このことから、上野層の時代はまだその前の時代の温暖な気候がなんとか続いていた様子がうかがえる。大山田湖のまわりにミエゾウが生きていたころはこのような時代であった。

海底堆積物が教える大陸との接続状態

それではミエゾウはいったいどこからどのようにして大山田湖の周辺に現れたのだろうか。このことを教えてくれる鍵は日本海にあった。

写真22　大山田で見つかる温暖な気候を好む植物化石　左：フウ属、中：シロダモ属、右：アカガシ亜属（奥山茂美氏標本、山川千代美氏撮影）

一九八九年に国際深海掘削計画（ＯＤＰ）の一環として日本海海底に深い穴を掘って堆積物を抜き取るというボーリング調査が行なわれた。国際深海掘削計画とは、一九八五年から始まった深海掘削計画で、アメリカ、フランス、ドイツ、イギリス、カナダ、オーストラリア連合などと日本が参加して行なわれた。この計画では、海洋底が中央海嶺で誕生し、海溝で沈み込むという海洋底拡大説を検証するために、世界中の海洋底を実際に掘削してサンプルを取り、年代を測定したり、堆積物を分析する作業が行なわれた。そして、この計画のなかで、一九八九年夏に日本海の六地点で、海底下およそ五〇〇〜九〇〇メートルものボーリング調査が行なわれ、日本海海底の堆積物が採取された。それらのうち最も古い地層は二〇〇〇万年前のものであった。

日本海の海底から取り上げられた堆積物には、数センチメートルから数十センチメートルの間隔で白っぽい色や黒っぽい色をした泥が見られ、それらが明暗の縞模様を繰り返していた。調査の結果、白い層は珪酸質《けいさん》の硬い殻を持った珪藻の遺骸からできていた。珪藻は、淡水から海水まで生息する単細胞の微細な藻類である。一方、黒い層は、

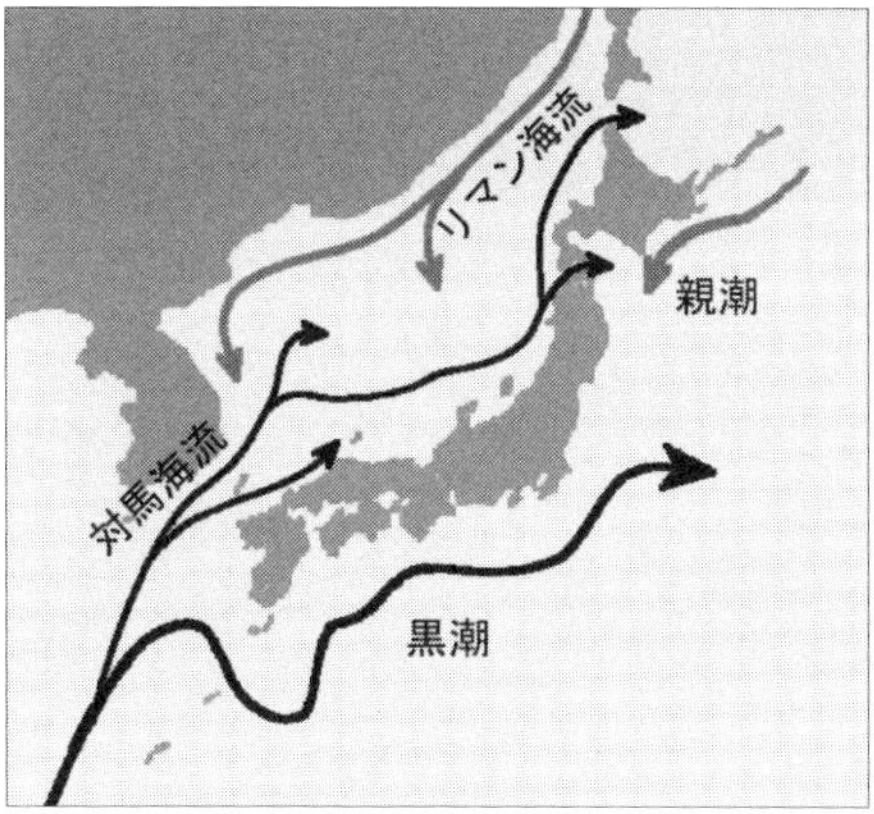

図11　日本付近の
現在の海流

さらに詳しくみると濃い黒色と薄い黒色の層に分かれる。どちらの層も白い層に比べると珪藻の量が少なく、有機物を数パーセント含んでいた。そして、この明暗の縞模様は日本海で掘られたボーリング試料すべてに共通に見られたことから、日本海全体に影響を与えるなんらかの出来事を海底の堆積物として記録していると考えられた。

現在、日本海には南から対馬海流が流れ込んでいる。対馬海流以外にもサハリンと大陸の間を抜けてくる北からの流れがあったり、宗谷海峡や津軽海峡を通過してくる流れもある。しかし、日本海へ流れ込む海流のなかで、最も大きな流れは対馬海流であることは間違いない（図11）。

対馬海流は、黒潮から分かれた流れと東シナ海沿岸の沿岸水が混ざった暖流である。日本海側の各地が同じ緯度の大陸側に比べて平均気温が高いのは、この暖かい海流のおかげである。その一方で海流が暖かいことによってたくさんの水蒸気が発生するため、多量の降雪を日本海側の地域にもたらしている。

対馬海流が日本海に与える影響は水温だけではなく、水中の酸素量にも影響を与えている。海流のなかに溶け込んだ酸素は、初めは海洋の表層を流れているが、冷えるにしたがって次第に海洋の深部へと沈み込み、やがて深海底に運ばれる。深海の生き物たちは、この酸素のおかげで生きていくことができる。また、豊富な酸素の供給は、海洋における生産量を増すため、海底には珪藻などの死骸である殻が多く積もり、それは白い色をした堆積物として保存されることになる。

海洋の生き物たちの死骸は深海底にたまった後、やがて腐ることになるが、それらが分解されるときに海水中の酸素を使うので、新たな酸素の供給がなければ深海底の酸素は徐々に減少し、やがて生物が棲めない場所となる。このような場所では、海底に生きているものもいないので、海底の泥がかき混ぜられることもなく、本来の海底堆積物にある堆積模様がつくことになる。このような酸素が欠乏した状態にある場所の堆積物は、濃い黒色をしている。逆にいえば、黒色の層があることは、新たな酸素の供給がなくなったこと、つまり日本海の例では対馬海流が流れ込まなくなったことを示唆している。

したがって、日本海海底のボーリング資料に見られた白、黒の縞模様は、単純にいえば対馬海流が日本海に流れ込んでいたのか、そうでなかったのかを示していたのである。対馬海流が日本海に流れ込んでいたのかどうかは、日本海の海底堆積物を調べる他にも、日本海沿岸の陸上で見られる海でできた地層を調査してもわかる。なぜならば、過去に対馬海流のような暖流が日本海沿岸に流れ込んでいれば、その当時にできた地層には暖かい種類の生物の化石が含まれているからである。このようにして、どの時期に対馬海流が日本海に流れ込んでいたのか、あるいは流れ込んでいなかったのかが調べられた。

それでは、対馬海流が流れ込まない理由はなんだったのだろうか。原因としては、二つが考えられる。ひとつは、現在海峡となっている九州西部の大陸と日本の間に陸地があり、それが障壁となって海流が流れ込まなくなっていたことだ。このためには、現在深さが一〇〇メートル以上もある大陸と日本の間の海峡部が水面よりも高い状態に隆起していなくてはならない。

もう一方は、海水面の高さが現在よりも低い状態、つまりこの海峡部の海底の高さと同じかそれより低くなれば、対馬海流は日本海に流れ込むことができなかったはずである。こうなるためには、過去の海水面の高さが、現在の海水面の高さから一三〇メートルも下がる必要がある。必ずしもそこまで下がらなくても、それに近い状態まで下がれば、下がった分だけ対馬海流が日本海に流れ込む量は減少し、日本海の環境に影響を与えたことは想像できる。しかし、そのようなことが過去にあったのであろうか。

結論からいえば、過去にそのようなことが起こっていたと考えられている。日本海海底の堆積物の研究から、琵琶湖が誕生した四五〇万年前〜三五〇万年前までの期間、つまり大山田湖の時代には、対馬海流は日本海には流れ込んでいなかったことがわかっている。この時期には、海水面が一三〇メートルも下がるのではなく、現在のような海峡はこの時代よりも後にでき、むしろ九州の西側（現在の対馬海峡や朝鮮海峡よりも南側）と大陸との間は陸地としてつながっていたと考えられている。(12) この部分が陸地としてつながると、日本は中国大陸から飛び出した半島のような状態になる。このような大陸から陸続きの状態だったので、それまで日本にいなかったミエゾウあるいはミエゾ

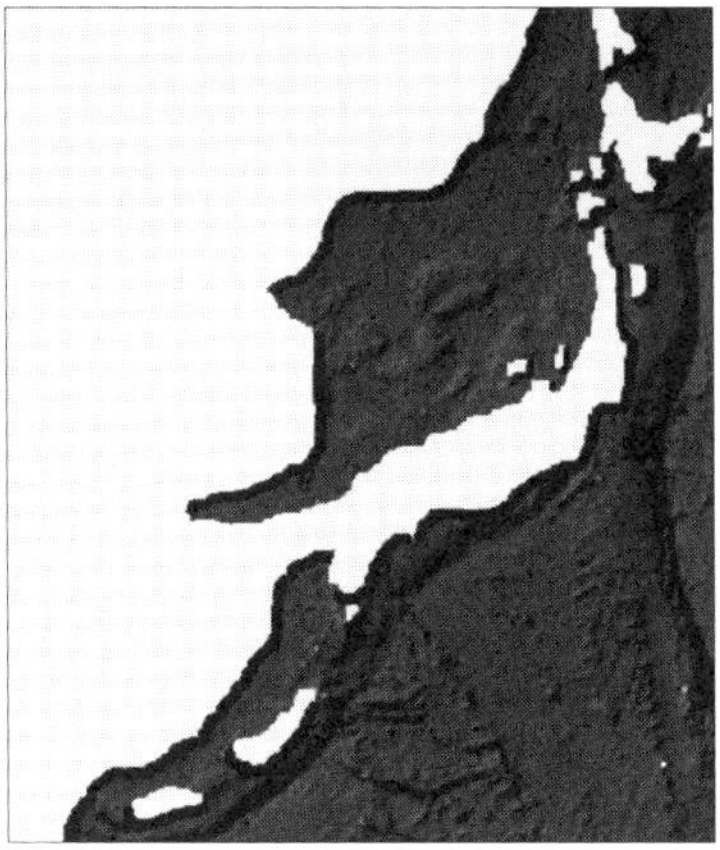

図12　およそ500万年前の古地理

ウの祖先は大陸から日本に渡ってくることができたのである（図12）。

大陸から渡ってきたミエゾウ

ミエゾウが大陸から渡ってくるとなると、大陸にミエゾウかその祖先のゾウがいなければならない。そのような化石が発見されているのだろうか。

ミエゾウが、以前はシンシュウゾウと呼ばれたこともあったのはすでに述べた。しかし、その研究が始まったころにはエレファントイデスゾウ、クリフティゾウ、ボンビフロンスゾウ、インシグニスゾウなどもっとさまざまな名前で呼ばれていた。それらのいろいろなゾウは、インドや東南アジアで発見されていたゾウ化石で、古くから論文として報告がされていた。しかもこれらのゾウの臼歯《きゅうし》の形がミエゾウのものとよく似ていたことから、ミエゾウの研究が始まったころは、これらと比較してミエゾウが同じものと考えられていた。しかし、中国からの保存のよいゾウ化石が報告されるようになると、むしろ日本から発見されるミエゾウの臼歯化石は、中国で発見されるコウガゾウやツダンスキーゾウと呼ばれているゾウの臼歯に特徴が近いことがわかってきた。このコウガゾウとツダンスキーゾウも、今では同じゾウだということがわかっている。

ミエゾウが含まれているステゴドンゾウの仲間は、現在生きているアジアゾウやアフリカゾウとは異なるグループで、インドからアジアにかけておよそ六〇〇万年以上前から四〇〇〇年前までこの地球上に生きていたが、現在は絶滅してしまったゾウ類である。ステゴドンゾウの仲間は、中国南部からタイ周辺の地域で三つのグループに分かれ、そこから西や南や北に広がっていった。このうち北にいったグループがツダンスキーゾウのグループで六〇〇万年以上前から三〇〇万年前の間に中国の黄河流域などで生息していたことが知られている。[13] どうやらこのツダンスキーゾウあるいはコウガゾウと呼ばれているゾウが日本のミエゾウと関係が深いらしい（図13）。

どれくらい関係が深いのかは、しばらく議論されていた。化石とし

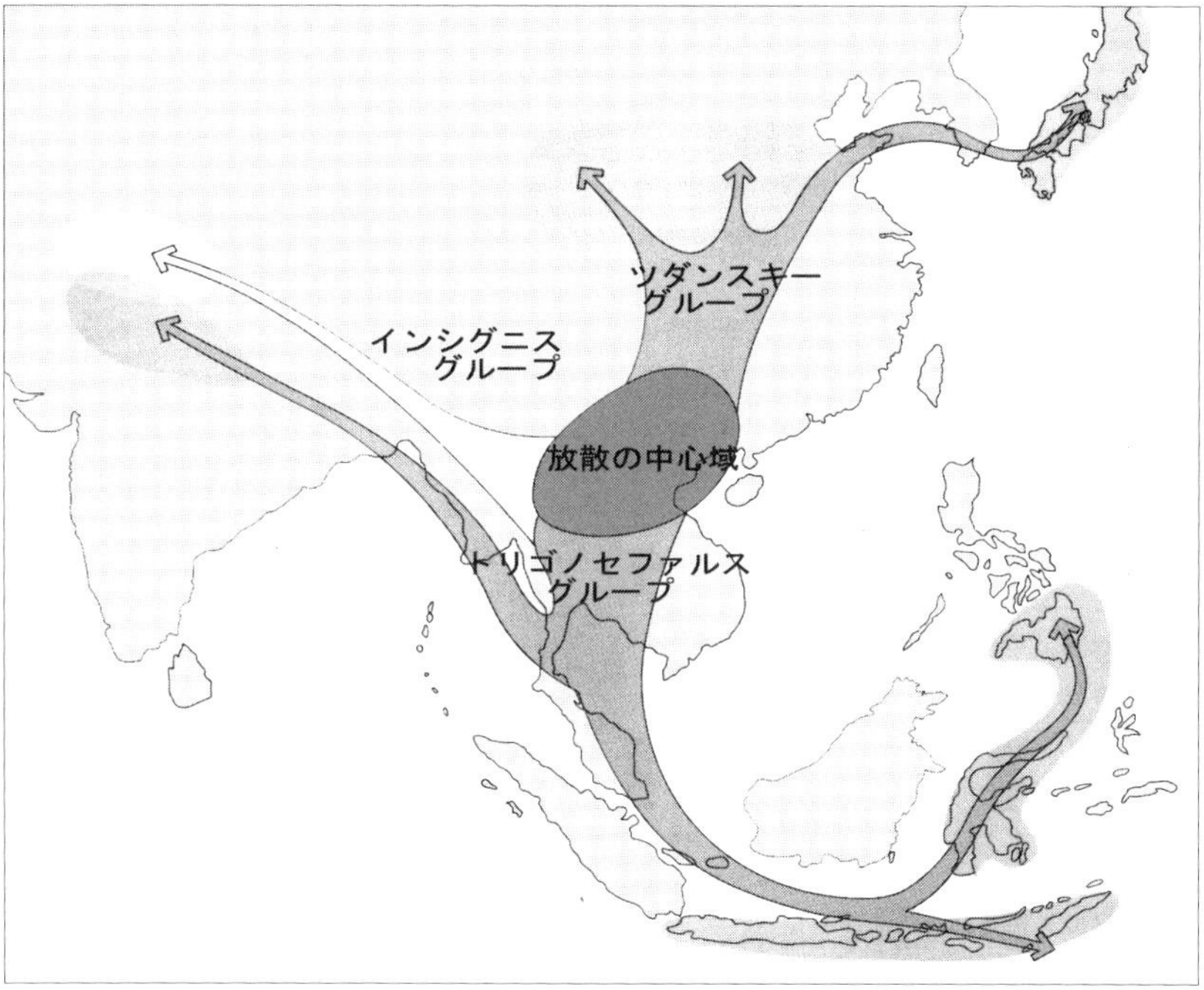

図13　ステゴドンゾウの放散（Saegusa, 1996をもとに作成）

てよく出てくる臼歯を見るかぎりは、その特徴はたいへんよく似ている。強いて違いを挙げれば、臼歯の咬む面に見られる山型をした稜《りょう》の数がミエゾウの方がわずかに多いところに違いが見られる。そこで研究者によっては、ミエゾウはツダンスキーゾウに近縁な種類であるという人もいたし、同じ種類であるという人もいた。

そのようななかで私は、琵琶湖博物館の準備室時代に、琵琶湖博物館の展示物のなかにコウガゾウの全身組み立てレプリカを展示することを計画した。この計画の発端は、古琵琶湖層群からミエゾウの化石が発見されていたので、ぜひその姿を来館者にわかりやすいように全身骨格標本として展示したいという思いから始まった。しかし、ミエゾウの化石は、日本中を見渡しても臼歯や体の一部は発見されてはいても、全身の組み立てができるほど一体がまとまっては発見されていなかった。そこで、ミエゾウに近縁あるいは同種と考えられていて、中国で発見されていたコウガゾウの全身骨格のレプリカを琵琶湖博物館で展示することを思いついたのである。中国でも当時、コウガゾウあるいはツダンスキーゾウと呼ばれるゾウの全身骨格は一九七一年に中国甘粛省《ガンスー》から発見されていた一頭しかなかった。このゾウは、大型のゾウだったので展示物としてたいへん見栄えがすることも私が選んだ理由であったが、私がこのゾウを琵琶湖博物館に展示したかった理由は別にもあった。それは、ミエゾウと関係が深いといわれているにもかかわらず、ツダンスキーゾウやコウガゾウの骨格標本がその当時の日本にはまったくなかったからである。もし、このゾウの骨格が、レプリカであっても国内にあれば、日本のゾウ化石の研究にとってその後の活用がおおいに期待できた。このようにして、展示と研究の両面から中国のコウガゾウの全身骨格標本を琵琶湖博物館で展示する計画が始められた。

ところが、コウガゾウの全身骨格化石は、レプリカといえども日本はおろか世界中のどの国においてもそれまで常設の展示はされていなかった。そこで、日本の展示模型製作会社を通じて、原標本を保管している中国科学院古脊椎動物・古人類研究所と製作の交渉を開始するところから始まった。

古脊椎動物・古人類研究所との交渉は幸いにしてうまくいき、一九九三年にレプリカが完成し、一九九四年三月下旬に大津にあった準備室に届いた。いくつもの木箱に分けて梱包されたレプリカは、二台の大型トラックに載せられて運ばれてきた。博物館の開館までにはまだ二年ほどあったので、レプリカが到着した年の夏には、「黄河象展」として準備室からさほど遠くない県立文芸会館を借りて展示会を行なった。たいした宣伝もしなかったが、二週間の間に二〇〇〇人以上が見学に訪れ、またこのとき準備室としては初めての、説明のためのボランティアの人もお願いすることになった。準備室時代に行なった博物館活動のひとつである。

これは、まったくの余談になるが、コウガゾウのレプリカをつくっているときに、北京へ製作の経過を見にいく機会があった。それは一一月のことであったが、私と日本の標本製作会社の人を乗せた飛行機は、北京の上空まで行きながら時期的には早い大雪のために、北京空港が閉鎖され降りることができなくなってしまった。結局、北京上空を何度も旋回した後にまた大阪まで戻ってきてしまい、北京日帰を経験することとなった。私たちは、翌日ふたたび同じ飛行機で北京へと旅立ったが、今度はなんとか混雑する北京空港に降りることができた。

さて、一九九四年に博物館準備室にコウガゾウの全身骨格のレプリカが届くと間もなく、私と大阪市立大学の大学院生であった小西省吾さん（現在みなくち子どもの森自然館）は、体中の骨がそろったコウガゾウの骨格レプリカのなかから下顎《したあご》のレプリカだけをたずさえて、長野市戸隠《とがくし》（当時は上水内《かみみのち》郡戸隠村）にある地質化石館に向かった。

当時、小西さんは、大学院の研究テーマとして冒頭でお話した多賀《たが》町から発見されたアケボノゾウの骨格化石を研究していて、その一環として多賀町のアケボノゾウの保存のよい下顎とミエゾウの下顎、そしてコウガゾウの下顎を比較することにしたのである。同行した私は、地質化石館にある非常に保存のよいミエゾウの下顎化石とコウガゾウの下顎化石を比較して、どれくらい似ているかを確かめることを楽しみにしていた。というのも、それまで中国のツダンスキーゾウ（コウガゾウ）と日本のミエゾウの比較は臼歯の化石では行なわれていたが、体の骨では比較されたことがなかったからである。骨の形で両者に違いがあれば、中国にいたツダンスキーゾウが日本に渡ってきてからどのような変化をしたのかがわかるかもしれないと期待を持っていた。

途中、長野市の博物館にも寄り、長野市から発見されたアケボノゾウの下顎化石を観察させてもらったりしながら、戸隠の地質化石館に着いた。戸隠のミエゾウは、一九八三年に付近の山中より発見された化石で、私もこの化石の発掘とクリーニング作業に関わったことがあったので、久しぶりに見た下顎化石に懐かしさを感じた。

小西さんと慎重にコウガゾウと戸隠のミエゾウの下顎を観察した結果、両者の臼歯化石は基本的には似ているものの、下顎化石にはいくつもの違いが見られた。その違いを一言でいえば、ミエゾウの方が明らかに前後に短い特徴が見られたのである（写真23）。

このことによって、私のなかではツダンスキーゾウとミエゾウは別の種類のゾウであること、そして大陸にいたツダンスキーゾウが日本に渡ってきた後に、日本での環境に適応したゾウとしてミエゾウになっていったと考えるようになった。(14)

それでは、いったいいつごろツダンスキーゾウは日本に渡ってきたのだろうか。これまでミエゾウもしくはミエゾウと推定されている大

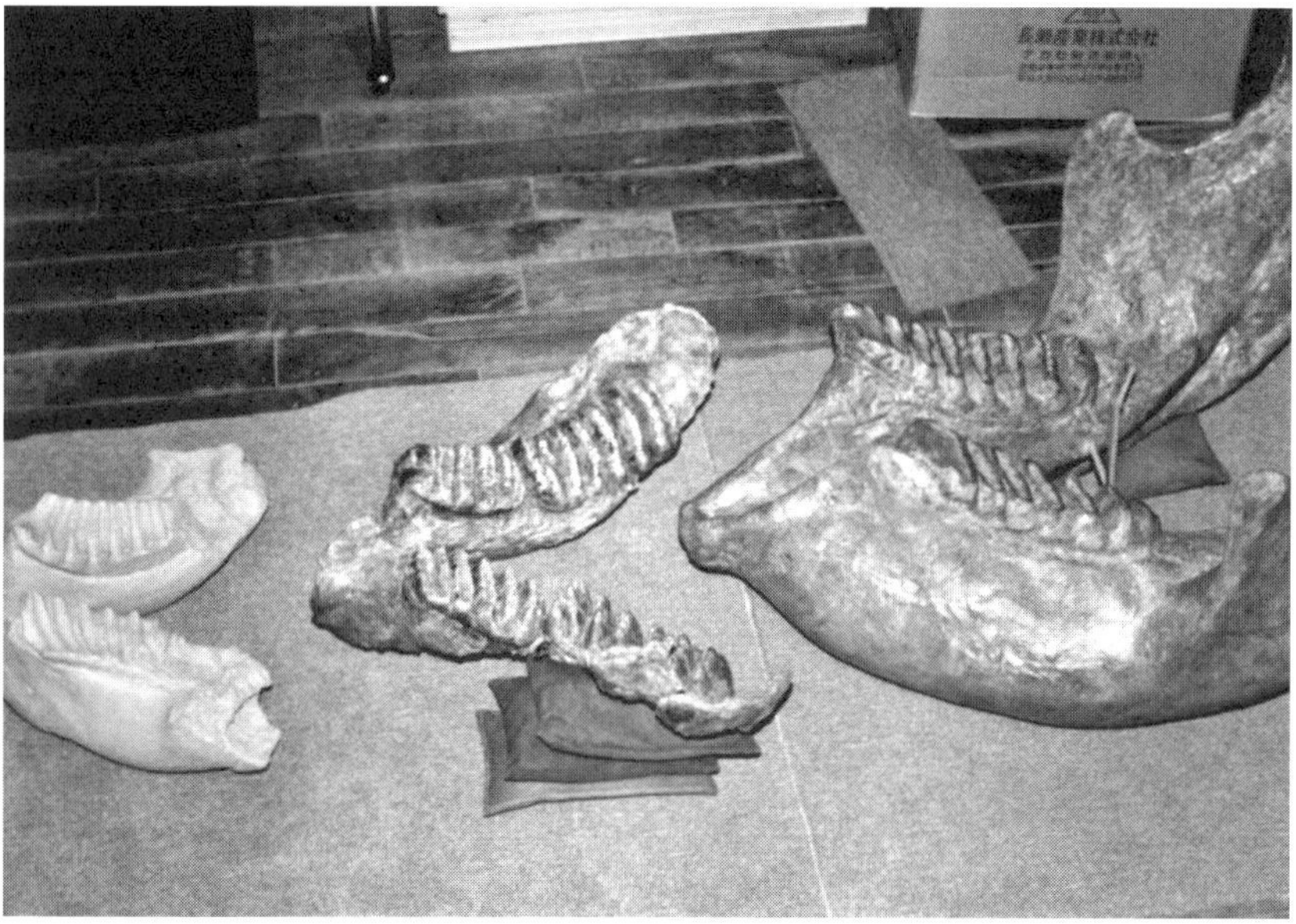

写真23　比較したゾウの下顎化石　右から多賀町産アケボノゾウレプリカ、戸隠産ミエゾウ実物、中国産コウガゾウレプリカ

型のステゴドンゾウ化石は、宮城県から長崎県までのおよそ二〇カ所から発見されている。これらのなかで最も古い時代のものは、宮城県仙台市から発見された上顎の臼歯化石である。その化石が発見された地層の年代は、およそ五三〇万年前と推定されている。この臼歯化石の特徴は、他のミエゾウの臼歯化石と比較してむしろ中国から発見されているツダンスキーゾウのものに似ているといわれている。(15) 一方、その他の地域から発見されているミエゾウは、およそ四〇〇万年前～三〇〇万年前にできた地層から発見されているが、これらはミエゾウの特徴をそなえている。つまり、ミエゾウの祖先にあたる中国のツダンスキーゾウは、およそ五三〇万年前に日本に渡ってきた後、少なくとも一〇〇万年ほど経ったときにはすでにミエゾウとなっていたということが想像できる。おそらくもっと早い時期にミエゾウへと変わっていったのであろう。

日本海海底の堆積物の研究から、ツダンスキーゾウが渡ってきたと推定されるおよそ五三〇万年前は、現在の対馬海峡の南部で中国と日本の間は陸続きであったことがわかっており、その陸地を通って大陸

写真24　コウガゾウ全身組み立て骨格（琵琶湖博物館所蔵レプリカ）

のツダンスキーゾウは日本に渡ってきたのであろう（写真24）。

大陸の湖だった大山田湖

大山田湖の時代の化石についてもう一度振り返ってみよう。大山田湖の時代、すなわちおよそ四五〇万年前〜三六〇万年前の古琵琶湖層群上野層の時代には、すでに述べたように、日本は大陸とつながっていた。つまりこのころの日本は大陸から細長く延びた半島のような状態だった。そのため、日本のすぐ西側の大陸に生息していた陸上の動物たちは容易に日本に渡ってくることができたのである。上野層の時代から発見される化石たちは、そのような動物たちであったと考えることができる。

上野層からは、ミエゾウ、サイ、シカ、イノシシ、ウサギなどの哺乳類化石が発見されているが、それらはいずれも体の一部が発見されているだけなので、ミエゾウ以外の動物たちの種名はわかっていない。

しかし、この時代やその前の時代が比較的温暖な時代であったことを考えると、おそらく亜熱帯性の動物たちが現在よりも北に分布していて、その分布地域のひとつとして、陸続きの日本にもやってきたことが推定できる。これらの動物たちは、ミエゾウがそうであったように、渡ってきてしばらく経った四〇〇万年前には大陸の種類から進化し、日本独自の種になっていたのかもしれない。大陸から半島状に突き出た日本は、独自の種を生むような条件を備えていたのであろう。

それでは大山田湖にいた貝や魚などはどうだったのだろうか。大山田湖にいた貝や魚たちは淡水に棲む生き物たちであった。したがって、海を渡ることはできない。彼らは、当時の哺乳動物たちが渡ってきた道を使って日本にやってきたに違いない。つまり、大陸と日本の川などの水系がこの陸地の上でつながっていて、そのつながった川を通って日本にやってきたと推定できる。

上野層の貝化石は、「伊賀動物群Ⅰ」と呼ばれ、亜熱帯要素を含む大陸の湖沼型だったことを思い出してほしい。このころの琵琶湖は大陸から細長く伸びた半島のなかにある小さな湖のひとつであり、まさに大陸の湖のひとつといっていいものだったのである。伊賀動物群Ⅰの貝類は、現在の中国大陸の平野部で見られるガマノセガイの仲間、クサビイシガイの仲間、ハコイシガイの仲間、チヂミドブガイの仲間が含まれていた。これらの貝類群集は、その当時大陸の中心部でも、半島のようになっていた日本にも同様な貝類群集であったものが、中国では現在も同様な群集であるのに対して、日本ではその後すっかり様変わりをしてしまったことを表していたのだ。ようやく、ここにきて上野層の貝化石に見られた特徴が持つ意味が見えてきた。

大山田湖にはイガタニシを中心とし、イシガイの仲間やスズキヒメタニシなどの豊富なタニシ類が生きていた。これらのタニシは、コイの好物である。豊富な餌のなかでたくさんの魚が育っていった。コイ科魚類のなかには二メートルになるものもあり、豊富な魚類相をつくっていた。これもまた、大陸のひとつの湖だったことを示しているように見える。さらにこの湖にはその魚を食べていたワニまでいたのだからこれはもう私たちが今見ることができる現在の日本の湖とは様相が違っていたことは確かだ。

湖の周辺には、針葉樹のメタセコイアやスイショウ、落葉広葉樹のヌマミズキやハンノキ、エゴノキなどが茂り、ミエゾウが生活していた。また森の周辺部には草原や湿地があり、そこはシカやサイのよい餌場となっていたに違いない。

大山田湖の終焉

大山田湖とそれを取りまく環境は、いつまでも続かなかった。上野層から伊賀層に移り変わる三六〇万年前ころ、湖には大きな変化が起こっていた。それまである程度の大きさを持ち、豊かな生物相が生活していた大山田の湖は、北から流れ込む大きな川が多量の砂や礫《れき》を運び込んできたからだ。この砂や礫には現在の琵琶湖とその東岸にだけ分布する湖東流紋岩の礫が含まれていることから、現在琵琶湖がある地域は地形的に高く、そこが浸食されることで大量の土砂が大山田の湖に流れ込み、埋め立てていったものと考えられている。水深が数メートルしかなかった大山田湖はほどなく埋め尽くされてしまった。

このような湖の環境を変えるような出来事は、当然、湖の生き物たちの生活に大きな影響を与えたと考えられる。しかし、それと同時期には、それよりももっと大きな地球規模の変化も起こっていた。そのひとつは、気候の変化である。

古琵琶湖層群上野層から発見されていたフジイマツ、チャンチンモドキ、カリヤクルミ、クスノキ科やアカガシ亜属の樹木などの亜熱帯から暖帯の気候に生育する植物化石は、三六〇万年前～三二〇万年前の伊賀層を最後に姿を消してしまった。同様に、古琵琶湖層群と隣あう地域に堆積した大阪を中心として分布する大阪層群でも、三〇〇万年前～二五〇万年前にかけて、温暖な気候のもとで生育している植物は次々と消滅していったことがわかっている。この時代に大阪地域から消滅した木々は少なくとも二〇種あるという(16)。このような気候の寒冷化は世界各地で知られているが、その話は後ほどすることにしよう。

もうひとつの大きな変化は、九州西部での大陸との陸続きの状態がおよそ三五〇万年前にいったん終わり、大陸と日本の間には海峡ができてしまったことである。これはこの時代の日本海海底の堆積物や、日本海沿岸地域に分布する地層中の化石から、暖流系の影響が出てくることから推定されている。海峡ができ、暖かい対馬海流が日本海に流れ込んだのである。

このことは、それまで大陸から飛び出して半島のような状態だった日本が、島の状態になり、大陸から日本に新たな動物たちは渡って来られなくなってしまったことを意味している。一方、気候が寒冷化するにしたがって、大きく移動できる動物たちは少しでも暖かい南へと移動を始めたのだが、すでに大陸との間には海峡があり、日本にいた動物たちはせいぜい日本の南端に移動する程度しかできなかった。このため、寒冷化する気候に適応できない種は絶滅し、適応できた種は新しい種へと進化することになったと想像できる。移動できない閉鎖された湖などにいた動物たちのなかには、絶滅してしまったものも数多くいたのではなかったのだろうか。

古琵琶湖層群の伊賀層の貝類に見られたように、前の時代に引き続き同様な貝類が湖には生息していたが、ガマノセガイ属をはじめいくつかの種類が減っていた状態は、このような閉ざされた日本のなかでいくつかの種が絶滅していった姿を示している可能性もある。

魚に関しては、ほとんど資料がないためによくはわかっていないが、貝類同様に上野層と同じような魚がいながらも種類は減っていたのではないかと推定できる。

一方、陸上の動物たちはどうだったのだろうか。この時代の哺乳動物の化石は古琵琶湖層からはほとんど発見されていなかったし、また全国的にみても資料は数えるほどしかなかったので、その様子はわかっていなかった。ところが、一九九五年一一月、琵琶湖博物館の私の研究室に一本の電話がかかってきたところから、事情は大きく変わっていった。

安心院盆地の発掘

電話の相手は、大分県の北林栄一さんからだった。これは、後でわかったことであるが、北林さんは私の大学の先輩である。大学を卒業したあと地元の大分県に戻って中学校の先生をするかたわら、たいへん精力的に周辺の化石調査を行なっていた。以前から、琵琶湖博物館の中島経夫さんといっしょに研究をしていた関係で、今回も中島さんに連絡を取り、私を紹介されたらしいが、それまで私は面識がなかった。

電話の内容は、大分県の北東部に位置する安心院《あじむ》盆地で、そこに分布するおよそ四〇〇万年前〜三〇〇万年前の淡水で堆積した地層である津房川《つぶさがわ》層から骨の化石を見つけたので、自分で石膏をかけて取り上げてみたが、壊れるものもあってうまくいかなかった。現場にはまだ骨がありそうだがどうすればよいかというものであった。私は、電話の話を聞いているうちに、直感的にこれは重要な化石が出ているのだと感じ、現場にいって確認する必要があると思った。私のその後の予定を確認して、できるだけすぐに現地に行くことを約束した。

数日後、私は北林さんに会うために九州へ向かった。安心院に近い最寄りの駅までは、新幹線と特急を乗り継げば、電車に乗っている時

図14　宇佐市安心院町の位置

間は四時間ほどだった（図14）。駅まで迎えに来てくれた北林さんの車に乗せてもらい、三、四〇分ほど走ると現場にたどり着いた。そこにはあまり幅の広くない川が流れており、そのそばには切り立った二〇メートルほどの崖があった。その崖の最下部と川が交わるようなところが直径一・五メートルほどの幅で半円状に浅く掘られていた。その場所から骨の化石が出たらしい。北林さんはフィールドノートを私に見せながら、骨化石の並んでいた様子を説明してくれた。そして持参していた掘り出したいくつかの骨の化石を見せてくれた。

　大型のくすんだ茶色をしたその骨の破片は、間違いなくゾウの化石で、肋骨や前後の足の骨の一部など体のいろいろな場所が出ていた。教えてもらった産出状態と見せてもらった骨の部位を考え合わせると、これまでの経験から間違いなく奥にもっとたくさんの骨があると判断できた。私はその場で瞬時にその場所の発掘を行なうことを決断した。発掘は大掛かりになることが予想されたので、北林さんとは、このような発掘は個人で行なうべきでないこと、公に行なう化石の発掘に関しては教育委員会にまず相談に行った方がよいことを話し合い、翌日、安心院町（当時）の教育委員会を訪問することにした。

安心院町の教育委員会は、当時、町の文化ホールの二階にあった。扉を開けると、そこには職員が一〇人程度入れる事務室があった。予約なしに遠方から突然現れた琵琶湖博物館の学芸員に、教育委員会の方々は驚いたようであったが、とりあえずは教育長室に通していただけることになった。対応していただいた教育長や職員の方にこれまでの経緯と産出している化石の重要性を説明し、共同で発掘することを恐る恐る申し出てみると、幸いそのことはすぐに了承された。そして、その年の一二月に第一回目の発掘を行なうことができた。

以後この発掘は、北林さん、琵琶湖博物館、安心院町教育委員会などを中心に一九九九年夏まで五回にわたって行なわれた（写真25〜28）。この間に北林さんは、周辺から多量の骨や歯の化石を発掘した。その量は、ゴマ粒ほどの大きさの咽頭歯《いんとうし》の化石も入れると一〇〇〇点以上に及んだ。

写真25　宇佐市安心院町森での第１回発掘風景（1995年12月撮影）

写真26　宇佐市安心院町森で行なった発掘風景（1998年撮影）　写真手前の土片は、掘り出した土

骨化石を見つけたきっかけ

安心院での発掘の話を進める前に、なぜ北林さんが、この骨の化石を見つけることになったのか北林さんの手記をもとに説明しておこう。(17)

北林さんは、以前は大分県をはじめ西日本の各地で淡水魚の歯の化石を採集していた。一九九四年一〇月に熊本県人吉《ひとよし》盆地で魚の化石を採集しているときに、偶然、骨の化石を発見した。骨の化石を発見したのはこのときが初めてであった。その年の一一月に古琵琶湖層群の貝化石のところでもお話した豊橋市自然史博物館の松岡敬二さんなどとふたたび人吉市の調査をしていたときに、それまで泥岩中の砂の塊だと思っていたものが、足跡化石であることを松岡さんに指摘され、目からうろこが落ちるような思いをしたそうだ。そして、松岡さんから足跡化石の調査を進められたところから、一九九五年になって足跡化石がたくさん出ている滋賀県や三重県にいって、観察する目を養い始めた。

観察を続けた結果、北林さんは足跡化石が発見される場所は、水域と陸域のはざまのようなところに違いないと思うようになり、調査地をそのような地層が多く分布する安心院盆地に狙いを定めた。安心院盆地を歩いてみるとゾウやシカの足跡化石はすぐにいくつも見つかった。やはり北林さんの狙いは当たっていた。そんななか、今度は安心院町を流れる深見《ふかみ》川の河床でスッポンの化石の一部を発見した。スッポンの化石が発見された地層とよく似た地層は、調査地域周辺にはあちらこちらに見られた。骨の化石に目が慣れた北林さんは、その後、芋づる式に骨の化石を見つけ出していった。

一九九五年一〇月、北林さんはいつものように化石を探して安心院町の森というところにきたとき、川岸の粘土層の一部にコケが生えているのに目がとまった。周囲は粘土層が露出しているのに、なぜかそこだけにコケが生えているのである。持っていた調査用のハンマーの先でコケの部分を削ってみると、骨特有のスポンジ状の構造が見えてきた。コケはこの骨化石の部分がいつも湿気《しけ》っていたので、その水分を利用して生えていたのである。少し掘ってみると、意外にも骨は予想したより大きなものであった。北林さんは、さっそく豊橋市自然史博物館の松岡さんに連絡を取り、骨の化石の掘り方や石膏で保護して取り上げる方法を聞いた。そして、一人でなんとか一〇個ほどの化石を掘り上げることができたが、完全にはうまく取り上げることができずに化石を壊してしまった。もっと本格的な発掘が必要だと感じた北林さんは、以前から魚の化石の研究をいっしょにやっていた琵琶湖博物館の中島経夫さんに連絡を取ったところ、同僚の私を紹介されたそうだ。そこで、この話の冒頭に述べたように私に電話がかかってきたのである。

実は、北林さんは、この場所に来たのは初めてではなかった。前に来たときには魚の歯の化石を探していたので、魚の化石が出そうなところ以外はあまり注意を払っていなかった。足跡化石を求めて始めた調査が、いつのまにかその足跡をつけたゾウの骨にめぐりあうことになった。北林さんの化石を見つける能力は、人並みはずれている。このような能力は大学で地質学を勉強したから備わるというものではなく、おそらくもっと小さいときに身につけた能力なのであろう。

第一期調査で得られた成果

五年間に、私たちが発掘したものと、北林さんがその周囲の地域で採集した化石は、ひとまず琵琶湖博物館に集めた後に、それぞれの分野の第一線の専門家に調べてもらうことにした。その結果はたいへんなものとなったのだが、まずどのような化石が発見されたのかを紹介しておこう。

魚類化石は、津房川層の中部からコイ科魚類の咽頭歯が七〇〇個以上採集され、琵琶湖博物館の中島経夫さんの調査によって六亜科一一属（その他所属する属が不明なものが二属）が確認された。安心院盆地から発見された咽頭歯は、フナ属のものが最も多く、次にニゴイ属が多く見られた。その他、ナマズ類やギギ類の骨格の一部も発見された。

両生類化石では、津房川層の下部のミエゾウが発掘された場所からオオサンショウウオの背骨が採集された。京都大学の松井正文さんが調べた結果、現生の標本と比較すると全長がおよそ一〜一・二メートルと推定される大型のもので、アジア最古の記録となった。

カメ類化石は、津房川層の中部の最下部から二五七点の部分的な骨が採集された。平成帝京大学の平山廉さん（現在は早稲田大学）が調べた結果、これらのなかには、化石の記録としては世界で初めてのオオアタマガメ、カントンクサガメ、ニホンスッポンや日本からは初めての産出例であるハナガメなども含まれていた。

ワニ類化石は、津房川層の中部から採取され、青木良輔さんが調べてくれた。その結果二種類のワニの骨格が混じっていることがわかった。歯の他に、頭骨の一部の方形骨《ほうけいこつ》、頬骨《きょうこつ》が発見されたことからそのうちの一種は、ヨウスコウアリゲーターと確認できた。これは、日本で初めてのヨウスコウアリゲーターの化石となった。もう一種類はクロコダイル科のものであった。この調査の成果がきっかけとなって青木さんは中国でいわれている「龍」がワニであったのではないかと気づき、そのことを本にしている。[18]

鳥類化石も、津房川層の中部から採集されたがこれは京都大学の松岡廣繁さんが調べ、ウ属、タカ科、カモ科、ハクチョウ属、ツル科など四目四科六種が確認された。三〇〇万年前〜四〇〇万年前の地層からこのようにたくさん種類の鳥化石がまとまって出たのは初めてであった。

哺乳類化石については私が調べることにした。これらはいずれも津房川層の下部から採集されたものであった。それらのうちでミエゾウ（当時はシンシュウゾウと呼ばれていた）の化石には背骨、肋骨、四肢骨などの一個体に属するさまざまな部位の骨格が発掘された。これはこれまで発見されているミエゾウの標本と比較して、最も残っている部位が多く、保存が良好であった。また、この発掘現場からは、両角《りょうづの》が残る保存良好なシカ類の頭骨化石やクマ類の歯の化石も発掘された。その他、盆地内からは倉敷芸術科学大学の加藤敬史さんによってサイ科の臼歯化石も発見された。

脊椎動物以外では、植物、淡水カイメン、淡水貝類、昆虫、足跡などの化石も発見された。これらのうち淡水カイメンは、現生のシナカイメンに同定できるもので、化石としては初めての発見となった。また、タニシ科のマルガリヤ属は日本からの最初の記録となった。これらのカイメンや貝化石の調査は、松岡敬二さんによって行なわれた。

私たちが調査を始めるよりも前に津房川層の年代は、およそ四〇〇万年前～三〇〇万年前と考えられていたが、日本からはこの時代の動物相についてはこれまで十分に知られていなかった。そこで、私はこれらの脊椎動物化石群が、この時代の化石研究に今後たいへん重要な意味を持つことになると考え、「安心院動物化石群」と名づけた（表1）。

シカの頭骨化石

私が調査することになった哺乳類化石のひとつに、シカの頭骨化石がある。この頭骨化石は、一頭分のゾウ化石を発掘していたときに、そのすぐそばから発見されたものである。頭骨そのものは、頭の後ろの方だけが残っているにすぎなかったが、そこから生えているツノは

写真27　宇佐市安心院町森で行なった発掘風景（1998年撮影）　中央の人の左に見えているのはミエゾウの大腿骨化石。周辺には背骨などの化石もある

写真28　宇佐市安心院町森での発掘風景　シカの頭骨化石をていねいに掘り出していく（1998年撮影）

表1　1995年～1999年に津房川層から発見された化石リスト

■植物化石

・メタセコイア
・スイショウ
・シナサワグルミ
・ヤナギ属
・ハンノキ
・シリブカガシ
・アキニレ
・ケヤキ
・バラ属
・モチノキ属
・ブドウ属
・ミズキ属
・クスノキ属
・ヒシ属
・コナラ属
・スゲ属
・ホタルイ属
・カヤツリグサ属
・オモダカ属
・ミゾソバ属

■昆虫化石

・ゴミムシ科
・ハムシ科
・ネクイハムシ亜科

■淡水カイメン化石

・シナカイメン

■貝類化石

・コブタニシ属
・ビワコカワニナ亜属
・マルタニシ属
・ドブガイ属
・ササノハガイ属
・オトコタテボシガイ属
・マツカサガイ属
・オオイシガイ属

■魚類化石

・コイ科属不明２種
・ウグイ属
・タナゴ属
・ディステーコドン属
・クセノキプリス属
・ヘミクルター属
・タモロコ属
・ヒガイ属
・イトモロコ属
・ニゴイ属
・フナ属
・コイ属
・ナマズ属
・ギバチ属

■両生類化石

・オオサンショウウオ属

■爬虫類化石

・ヨウスコウアリゲーター
・クロコダイル科
・オオアタマガメ
・ニホンスッポン
・ハナガメ
・カントンクサガメ

■鳥類化石

・ウ属
・タカ科
・カモ科
・ハクチョウ属
・ツル科

■哺乳類化石

・ミエゾウ
・サンバージカ
・クマ亜科
・サイ科

■足跡化石

・ゾウ類
・シカ類

（琵琶湖博物館研究報告18号、2001年より）

写真29　安心院町森から発見されたサンバージカのツノ化石

両側が残っており、多少前後につぶれている他は、完全に近い状態であった。
シカ化石の分類は、ツノを中心に行なわれることが多いので、保存のよいツノが残っていることは研究を進めるうえでたいへん重要であった。津房川層から発見されたシカ化石についていたツノを観察すると、片側のツノは三つの枝に分かれていた（写真29）。現在、日本のあちらこちらで見ることができるニホンジカは、成体になると通常ツノは四つの枝に分かれる。この点から安心院から発見されたシカ化石は現在のニホンジカとは異なるグループであることはすぐにわかった。
現在、世界中に生息しているシカ類のツノを見ると、先端が三つの枝に分かれているシカのうち、安心院のシカ化石の形態に近いものは、中国南部から東南アジアにかけて生息しているアキシスジカの仲間、ルサジカの仲間、サンバージカの仲間などがいる。
そこで、それらの骨格標本を日本国内で探してみたが、化石のシカの形態を考えるうえで十分な数がなかった。それならばと、現在の東南アジアに生息している何種類ものシカの骨格標本を見ることができるタイとインドネシアに出かけて行くことにした。

なぜ、タイにたくさんのシカの骨格があることがわかったかというと、足跡の調査をしている岡村喜明さんが、タイに何度も行っていて、情報をくれたからである。岡村さんについては後でお話することにして、とにかく岡村さんに同行してタイでシカの標本を見ることにした。

タイでは、動物園、博物館、資料館、研究所などをまわり、ツノのついたシカの頭骨標本を見たり、生きたシカを自然公園や動物園で見ることができた。また、インドネシアでは、ボゴールにある生物研究センターで多量に保管されているインドネシア産のシカ頭骨標本を見ることができた。同種のシカがインドネシアの島ごとにそのツノの形に違いがあるようすも豊富なコレクションのおかげで見ることができた。この研究センターのシカ資料は、インドネシアがオランダ領時代にインドネシア内で収集された資料と思われるが、データもしっかりしていて、今では貴重な資料となっている（写真30）。こういった資料を見るたびに、コレクションやそのコレクションをきちんと整理することの大切さを痛感し、自分のやっている博物館の仕事の責任を教えら

写真30　インドネシア生物研究センターの現生シカのツノ標本が入ったロッカー

れる。

とにかく、このようにして安心院で発見された頭骨化石と現在生きている東南アジアのシカの頭骨を比較した結果、化石はサンバージカだとわかった。サンバージカは、スイロク（水鹿）ともいい、その名のとおり水辺で暮らしている姿をしばしば見かける中型のシカである。現在の分布は、中国南部、台湾以南のインドからインドネシアにかけての東南アジア一帯である。サンバージカにはいくつかの亜種があり、そのなかのどれに似ているかまでは結論を出すことはできなかった。しかし、現在の日本にはいない亜熱帯地域に生息しているサンバージカが、およそ四〇〇万年前〜三〇〇万年前には日本にいたとわかったことは、大きな成果だった。

ここで改めて安心院周辺で発見された動物化石を見渡してみると、サンバージカと同様に、現在の生息地域が明らかに中国南部から東南アジアにかけてのものがいくつもあることがわかる。それらは、オオアタマガメ、ハナガメ、カントンクサガメなどのカメ類とヨウスコウアリゲーター、種が不明のサイ類などである。これらの動物たちは、現在の動物地理区でいうと東洋区の動物たちである。

動物地理区というのは聞きなれない言葉だと思うが、これは一八七六年にイギリスの自然科学者ウォーレスが、当時分布域がわかっていた脊椎動物、無脊椎動物をもとに、世界を旧北区、新北区、新熱帯区、エチオピア区、東洋区、オーストラリア区の六つに分類したのが始まりである。日本では、琉球列島のトカラ諸島南部にあるトカラ海峡に引かれた渡瀬線《わたせせん》を境にしてその北側が旧北区、南側が東洋区とされている。つまり現在の日本のほとんどは旧北区に含まれることになる。植生的には日本列島が位置する東アジアから東南アジアにかけては、湿潤で植生が豊かな地域であり、旧北区と東洋区の境界は暖温帯広葉樹林と亜熱帯林との境によく一致している（図15）。

東洋区に属する複数の動物が安心院周辺から化石として発見されたことから、四〇〇万年前〜三〇〇万年前にはこの地域に亜熱帯から熱帯に棲むような暖かい地域の動物たちが生息していたことがはっきりした。このことは、現在中国南部から東南アジアに生息している動物たちの一部は、四〇〇万年前〜三〇〇万年前にはすでにこの地球上に

誕生していたということでもある。熱帯地域の環境は、安定している

ということを示しているのだろう。

図15　日本周辺の動物地理区の境界

＊花粉化石＝花粉は科学的に安定な物質からできていて、化石としてよく残る。花粉化石を調べると、当時の気候や植生の様子を知ることができる。

安心院化石動物群の時代

安心院化石動物群が発見された津房川層の年代は、先に述べたようにおよそ四〇〇万年前〜三〇〇万年前と考えられていた。その根拠となったのは、津房川層の下にある古い火山噴出物の年代が四八〇万年前や五一〇万年前という年代値が報告されていたことや、津房川層上部のフィッション・トラック年代が三二〇万年前と報告されていたことであった。一方、花粉化石を使った研究では、もう少し新しいのではないかとも考えられていたことからおおまかに四〇〇万年前〜二五〇万年前くらいの間に堆積した地層であると考える人もいた。いずれにしても、放射性物質を使った分析やフィッション・トラック年代は誤差が大きいので、地層から得られた数点の測定結果からだけでは、あまり正確な年代はいえないのである。

一連の化石調査が終了すると、同僚の里口保文さんは、宮崎県に火山灰の調査に出かけた。そこには、宮崎層群という津房川層の年代と重なる地層が分布している。このなかの火山灰の年代がよくわかっていて、そのいずれかの火山灰が津房川層のなかにも見られる可能性があったからである。もし、こういった火山灰を津房川層のなかで見つけることができれば、津房川層から出てくる化石の年代を決めることができるのである。野外調査と室内分析の結果、安心院のゾウが発見された近くにあった火山灰が、予測どおり宮崎層群のおよそ三五〇万年前の火山灰と同じ火山灰であることがわかった。この結果、ゾウの発見された津房川層の下部がおよそ三五〇万年前の年代であることが明らかとなり、これまでいわれていたように津房川層の始まりは四〇〇万年前であるというのはおおよそ正しいことがわかった。

四〇〇万年前〜三〇〇万年前というのは、古琵琶湖層群でいうと上野層から阿山層にかけての年代ということになる。上野層とそれより新しい伊賀層の境界はおよそ三六〇万年前と考えられるので、安心院から発見されたゾウ化石の時代は、古琵琶湖層群でいえば伊賀層の下部の時代ということになる。津房川層のこの層からは、ゾウ以外にもサンバージカ、ヨウスコウアリゲーターなどがいっしょに発見されていて、古琵琶湖ではほとんど見ることができなかった、伊賀層の時代の化石を、遠く離れた大分で見ることができたのである。

さらに、津房川層ではゾウが発見された地層よりもやや新しい時代の地層からはヨウスコウアリゲーター、クロコダイル類などのワニ類やオオアタマガメ、カントンクサガメ、ハナガメ、スッポンなどのカメ類、さらにたくさんの鳥類の化石も発見されている。この年代についてははっきりとはわかっていないが、ゾウの発見された地層よりも数十万年は新しい時代と考えられ、古琵琶湖層群でいえば伊賀層の上部か阿山層の下部のあたりの年代ではないかと思われる。

これら三六〇万年前より新しいと考えられる津房川層下部から中部の化石類は、古琵琶湖層群のおよそ三六〇万年前の上野層上部から発見されているミエゾウ、サイ、シカなどの哺乳類化石、カントンクサガメ、ハナガメ、スッポンなどのカメ類化石そしてワニ類化石などと共通する種類である。このことから、少なくとも四〇〇万年前～三〇〇万年くらい前の時代には、西日本一帯に亜熱帯性の同じような動物たちが暮らしていたと考えられる。

新たな湖、阿山湖・甲賀湖

話を琵琶湖地域に戻そう。上野層の時代にあった大山田湖は伊賀層の時代に川から流れ込む土砂によっておよそ三二〇万年前までには埋め立てられてしまった。このころになると大山田湖のあった北側に新たな湖ができ始めた。阿山湖の誕生である。この湖は徐々に深くそして北へと広がりおよそ二八〇万年前には甲賀地域へと広がり、甲賀湖と呼ばれる湖となった。この時代にはまだ暖温帯〜温帯型の常緑針葉樹や落葉広葉樹がかろうじて残っていたが、気温はますます低下していった。この時代の植物化石を見ると、暖かい気候を好む植物相から徐々に冷涼な気候を好む植物相に入れ替わっていく姿が見てとれる。

九州西方での大陸との接続関係を見てみると、しばしば接続が途切れて、海峡化するといった不安定な接続状態の時代となったようだ。日本海沿岸部の地層の研究から、少なくとも三二〇万年前、二九〇万年前、二四〇万年前には大陸と日本の間に海峡ができたことが知られている。

この時期の古琵琶湖層群からはほとんど哺乳類化石は見つかっていないが、貝類は伊賀動物群Ⅱと呼ばれる貝類群集に替わったとされている。これはその前の時代に比べると、種数は少なくなっているものの、依然として大山田湖に生息していたイガタニシ、オバエボシ、サナグカタハリタニシなどの貝類などが生きているような群集であった。この群集に新たに加わった種類としては、ムカシフクレドブガイがある。

ムカシフクレドブガイは、大型でふくらみのある殻を持ち、殻の表面に強いシワがあるのが特徴である。このシワは湖の底にあるやわらかい泥のなかにもぐるときに有効であったと考えられている（写真31）。

魚の化石も同様に発見される化石の数が少なくなる。ただ単に数が少なくなるだけではなく、出てくるのはコイ亜科とクセノキプリス亜科だけという、非常に単純な魚類相になってしまう。大山田の湖ではコイ属が多かったのに、この湖ではフナ属が多くなる。フナ属のなか

写真31　甲賀層から発見されるムカシフクレドブガイの化石

でもA2咽頭歯に溝が一条しかなかったメソキプリヌス亜属の魚はこの湖ではまったく見られなくなっていた。魚はすっかり様相が変わってしまったようだ。

このように動物相が貧弱になった原因は、日本と大陸との接続関係がそれまで安定的につながっていたものが不安定になったことと、気候の冷涼化が大きな要因になっているとみることができる。気候が冷涼化するなかで多くの動物種が絶滅に追い込まれる一方、新たな動物相が日本に渡来する機会が減ったためだと想像している。

このようななかで、甲賀湖の終わりの時代である二六〇万年前になるとコイ属の化石がやや増え、タナゴ亜科やクセノキプリス亜科の姿も見られるようになる。コイ科魚類に見られる種類が増えるというその傾向は貝類にも見られ、この時代になるとカワニナ、プティコリンクス、クサビイシガイ、ササノハガイ、コビワコカタバリタニシなどの化石が見られるようになった。これらはいずれも浅い水域に棲む貝類であり、それまでには見られないこの時代に新たに出現した貝類たちであるが、プティコリンクス属やクサビイシガイ属の貝などのこの時期の貝化石の多くは、現在の中国の湖や河川に生活している仲間が見られる。どうやらこの時代には、ふたたび大陸との接続がやや安定し、つながった陸を渡って魚や貝が断続的にやってきたらしい。

野洲川の足跡化石

今からおよそ二五〇万年前になると大きな湖はなくなってしまったようだ。現在、この時代の地層が観察できる水口《みなくち》や日野《ひの》、蒲生《がもう》などの地域で、その時代の地層を調査しても、広い湖でできる地層が見つからないことからこの時代には大きな湖はなくなってしまったと考えられている。ただし、大きな湖はなかったものの、何本もの川が流れ、場所によってはやや広い水域となったり、湿地や沼沢が広がっていたとされている。こういった状態はおよそ一八〇万年前まで続いた。地層の名前でいえば蒲生層の時代である。こういった沼沢や湿地が広がっていた時代の地層からは、おもしろいものが見つかる。

一九八八年九月一五日、この日は朝から快晴のさわやかな日だった。当時、滋賀県の教育センターに勤務していた田村幹夫さんは、琵琶湖の東側の平野を流れる野洲《やす》川の中央橋近くに車を止めると、調査用の身支度を整えて、河原に降りたった。田村さんは、先にお話した多賀《たが》町でのアケボノゾウやナウマンゾウの発見のときに登場した人物である。

この日も田村さんは、いつものように河原に露出している青みをおびた灰色の泥の地層を注意深く見渡しながら歩いていた。この河原には、古琵琶湖層群の蒲生層が露出している。ときどき黒い色をした塊が目に止まると、立ち止まり、顔を近づけてひとつひとつそれらがなにかを確認したりしていた。しかし、この日は特別なものを見つけることなく昼が過ぎていった。彼がここにやって来たのにはある狙いがあった。ひと月前の八月一五日の夜から一六日にかけて、野洲川の流域で降った大雨は川に増水をもたらし、その水がこのあたりの河原を洗ったことから、河原にはこれまで地表に出ていなかった新鮮な地層面が出ていることを彼は知っていたのである。

ずいぶんと歩いたにもかかわらず、結局、特に目新しいものは発見できなかった。もう少しだけ調査をしたら、家に帰って遅い昼食をとろうと考えた田村さんは、以前から注目していた乾痕《かんこん》のあった場所にやってきた。乾痕とは水たまりで水のなくなった後などに見られる、乾燥のためにできた亀甲状の割れ目の跡である。それもここで見られるものは現在のものではなく、およそ二五〇〇万年も前のものである。

時計の針は、もう午後一時をまわっていた。河原のある場所に来たとき、田村さんの脳裏には今まで何度も経験しているあの期待感がよぎった。フィールド経験が豊富な彼には、〝何かがある場所〟を感じることができるのである。河原の様子がいつもと違っていたのだ。普段はそのあたりにある直径三、四〇センチメートルほどの河原の石が下流に押し流され、これまで見ることができなかった石の下にあった地層が広い範囲に露出していたのである。

田村さんは、丹念に観察を始めた。以前に見つけた貝の化石の出る場所や乾痕のある場所も確認できた。幅数メートルで長さが二〇メートルほどの、広い溝のようなところまで来たとき、田村さんは自分がいったいなにを見ているのかわかるまでにしばらく時間が必要だった。彼の頭のなかでは、その回路のなかを電流のようなものが駆けめぐり、今まで地質調査で経験したことのなかからその答えを探そうしていた。しかし、彼の頭のなかに徐々に浮かんできたものは、そのような調査の経験ではなく、子どものときに水田のなかで見た耕作用のウシの歩いた跡だった。「そうか、足跡か」（写真32）。

一見偶然にも思える田村さんによるこの野洲川河床からの足跡化石の発見は、偶然のことではなかった。彼は、一九七七年ごろからこの河原に露出する古琵琶湖層群に化石林があることに注目していた。これは、当時ここに森があったことを示す証拠である。森があれば獣たちが棲んでいたに違いない、と確信していたのだ。しかし、何度も調査したにもかかわらずその証拠をつかめないまま一〇年以上が過ぎていたのである。

田村さんの足跡化石の報告は、彼の恩師である松岡長一郎さんを経て京都大学理学部地質学鉱物学教室の亀井節夫さんにもたらされた。亀井さんは、現地の確認を済ませると、ただちに学術調査が必要であると判断し、発見からわずか八日後の九月二三日に学術調査隊を組織し、調査を開始した。

足跡化石の調査

野洲川の足跡調査は、一九八八年九月〜一二月と一九八九年八月の二回行なわれた。参加者は、発見者の田村さんをはじめとして滋賀県内の地学・化石研究者、京都大学理学部地質学鉱物学教室の教員、大学院、学生、大阪市立自然史博物館、滋賀大学、山形大学、大阪市立大学、愛知教育大学などさまざまなところから多くの人が参加して行なわれた。また、滋賀県をはじめ近畿地方各地に在住する化石や地層に関心を持つ中学生や高校生、先生、その他〝一般の人たち〟も多数参加した。

この調査の結果は、『琵琶湖博物館準備室報告 第三号』にまとめられている。それによれば、現場は、泥と砂からなる地層が見られ、ところどころに亜炭の層をはさんでいた。火山灰は三層が確認された。足

写真32　田村さんが最初に発見した無数のシカの足跡（滋賀県湖南市の野洲川河床、1988年）

跡化石は、これらの泥の層の上面や砂の層の上面に見られた。

地層の詳しい観察からは、この場所は河川が何度も氾濫するなかでできた平野であり、その河川は、調査場所の東側にある水口丘陵や日野丘陵周辺がまだ丘陵ではなく、浅い水域であったときに、そこに流れ込んでいたことがわかった。本流の川幅は一〇メートル前後あったが、そこからはいくつもの分流河川が流れていた。大雨が降るとそれらの河川の堤防は低かったので、すぐに洪水になった。あふれた泥水は、河川の周辺の平地をおおい、徐々に土砂をため、長い年月を経て地層となったことがわかった。

また、直立した樹幹化石や地層のなかにある植物化石からは、当時メタセコイアやハンノキなどの樹木が繁茂していたことも明らかとなった。メタセコイアやハンノキなどの樹木が茂る森やそのまわりに広がる洪水でできた湿地を、足跡化石を残した動物たちが生活の場としていたのだろう。

足跡化石については、連続して歩いた様子がわかるゾウやシカの足跡が確認された他、数え切れないほどのゾウとシカの足跡化石が確認された。ゾウとされたものはアケボノゾウのもの、シカとされたものはニホンジカに似た足跡とシフゾウというシカに似た足跡とされた。発掘中に食肉類の足跡の可能性が指摘されたものもあったが、一点しか見られないことから、その後、シカ類の足跡が重なって偶然そう見えたのであろうということになった。

この野洲川の足跡化石の発見は、新聞や報道機関によって大きく報道された。当時、私は日本歯科大学新潟歯学部（現在は生命歯学部）の口腔解剖学教室の助手をしていたのだが、長野県の野尻《のじり》湖で行なわれていた野尻湖発掘では、骨化石の発掘や調査を担当するグループの代表もやっていた。このころ、野尻湖でも足跡化石の調査が本格化しはじめていた時期でもあり、野洲川で発見された足跡化石も是非一度見ておく必要があると思い、発見が報道されてまもなく現地に行ってみることにした。足跡化石の見学では、足跡化石の調査団の事務局でもあり、京都大学の研修員時代にお世話になった地質学鉱物学教室の神谷英利さんと清水大吉郎さんの案内で現地を見学することができた。

私が、初めて現場を訪れたときの第一印象は、これはすごいものが

写真33　野洲川で発見されたゾウの足跡化石（大きな穴）とシカの足跡化石（二つ並んだ小さな穴）

出たなというものだった。青灰色の粘土層につけられた大きく深くくぼんだゾウの足跡や先の鋭いV字形のシカの足跡は、二五〇万年の時間を飛び越えて、たった今そこをゾウやシカが通ったかのような錯覚を抱かせるほど生々しいものであった。私は、足跡化石を壊さぬように裸足になってしばらく足跡化石を観察したり写真に収めたりした（写真33）。この時点では、まさかやがて自分がこの足跡化石を保管し、展示する博物館に勤めることになろうとは、夢にも思っていなかったのだから、当時を振り返ると人生とは不思議なものだとつくづく思う。

足跡化石に魅せられた人

野洲川で足跡化石が発見されて以来、全国的に足跡化石の発見が相次いだ。これは、野洲川の足跡調査に参加した全国のメンバーがその経験を地元に持ち帰り、調査を始めたためである。また、今まで疑わしかった足跡の化石というものが、やはり実際にあるのだということ

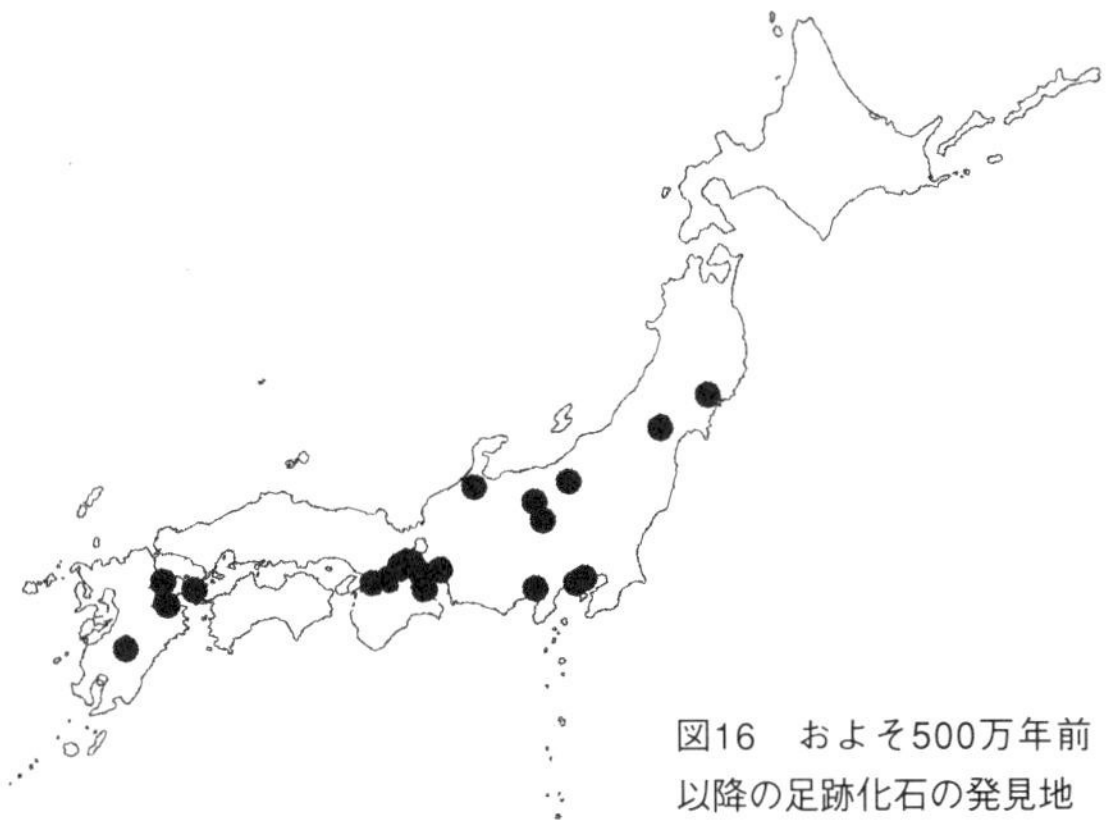

図16　およそ500万年前以降の足跡化石の発見地

が一般の人たちに認識され始め、再確認がされたからでもある。足跡化石の発見は、現在では八〇ヵ所以上にもおよび、全国的に広がっている（図16）。

古琵琶湖層群は、全国の産地のなかでも最も多くの足跡化石が発見されている場所である（図17）。その理由は、古琵琶湖層群には河川の周囲や湿地などの足跡がつきやすい地層が多く含まれていて、それがおよそ四〇〇万年間も連続したという好条件が第一に挙げられるであろう。しかし、これに似た場所は古琵琶湖層群以外にもあると思うが、ずば抜けて古琵琶湖層群で多く見つかっているのには、別の理由がある。それは、足跡化石を発見しようという人たちの目があるということだ。

ここに、足跡に取りつかれた、いや取りついたといったほうが正確であろうか、一人の人がいるので紹介しておこう。その人の名は、岡村喜明さん。滋賀県足跡化石研究会を主催している。岡村さんの本職は、皮膚科と泌尿器科のお医者さんであったが、最近になってついに足跡化石に専念するためにその医院も閉院した。

岡村さんが生まれ育った滋賀県の甲賀市甲賀町付近は、古琵琶湖層が河原や崖に露出していて、子どものころから貝の化石など自然に親しむ環境にあった。そのような環境で育った岡村さんは、高校で地学と出会い、ますます化石や鉱物に興味を持つようになった。東京の医科大学を卒業した後は、地元の滋賀県の草津市で開業することになったが、休みの日になると、近くの子どもたちや化石や鉱物に興味を持つ人とつくっていた同好会で採集会を開催したり、ドイツの友人を訪ねて化石や鉱物の採集を楽しんだりしていた。そんな彼を足跡化石に目覚めさせたのは、あの野洲川の足跡化石の発見であった。岡村さん

図17　古琵琶湖層群の足跡化石産地

写真34　タイ・カオヤイ国立公園で現生動物の足跡調査をする岡村さん（右側）

は野洲川で足跡化石が発見されたとき、居ても立ってもいられず病院の始まる前の早朝に毎朝車で片道三〇分以上かかる現場に足を運び、足跡化石の観察を重ねたそうだ。

足跡化石にまったく素人だった岡村さんは、野洲川の足跡化石現場で見られるシカの足跡化石にさまざまな形があることを不思議に思い、どのようにしていろいろな形のシカの足跡化石ができるのか実験もしてみた。そして、野外で見られるありとあらゆる動物の足跡の観察も始めた。現在では、中国、タイ、インドネシアのカリマンタン島などにも出向き、東南アジアの哺乳類の足底や足跡はほとんど型どり標本として収集したほどだ（写真34）。これらの標本は現在すべて琵琶湖博物館に納められている。

ゾウとシカの足跡が多いわけ

野洲川で発見された足跡化石はゾウとシカのものだけだった。国内から発見されている足跡化石のなかには、恐竜や鳥の足跡化石もあるが、古琵琶湖層群の時代である五〇〇万年以降に限ってみると、陸上動物の足跡化石は野洲川の場合と同じようにゾウとシカがほとんどで、それ以外の動物はきわめて少ないことがわかる。これは、いったいどうしてだろうか。ゾウやシカ以外の動物は日本列島にはいなかったのだろうか。あるいは、ゾウやシカ以外の動物の足跡は付きづらかったり、残りづらかったりしたのだろうか。

岡村さんがタイとカリマンタン島の野外で現在の足跡を調べた結果では、ごくおおまかにいえば、その地域に生息し足跡をつけることができる哺乳動物のうちおよそ三割の種類の足跡を確認することができることがわかった。その他の七割の動物たちは、どこかに足跡をつけたはずなのだが、付きづらかったり、付いてもすぐに消えてしまっているのであろう。足跡が観察できた場所としては、林道、小さな道、人工的につくられた動物たちのための塩なめ場、ヌタ場、湖畔などで、森林や草原ではあまり足跡を観察することはできなかった。森林や草原で足跡が観察しづらいのは、それらの地面が落ち葉や草でおおわれていて、その上から踏み込むので足跡が付きづらいことが原因と考えられる。しかし、このような足跡が残りづらい場所でさえ、体重の重いゾウやツメの先が鋭いシカの足跡は少ないながらも観察することができたそうだ。

つまり化石としてゾウとシカの足跡が多く見られる原因は、ゾウとシカが多くいたという理由のほかに、それらの足跡が付きやすかったということが改めて確認できたのである[19]。このことは、ゾウとシカの足跡しか見られないような時代や地域であっても、化石として残る条件がよければ、古琵琶湖層群の上野層や大分県の津房川層のように多くの種類の骨化石が発見される可能性があることを暗示している。

蒲生層の時代の化石林

足跡とともに蒲生層から発見されるものに化石林がある。蒲生層からの化石林発見の話もしておこう。

一九九〇年九月一九日夜半から二〇日の未明にかけて近畿地方を台風一九号が通過した。この台風は大型の台風で各地に被害をもたらした。もちろん滋賀県でも各地の川は増水し、河床はかなり浸食された。一〇月になって龍谷大学の増井憲一さんは、琵琶湖の東岸を流れる愛《え》知《ち》川の上流で河床に黒いものが何本も突き出ているのを発見した。よく見てみると、それは切り株のようなもので幹の部分の直径は五〇センチメートルあり、根のあたりは一メートルを超えているようなものであった。増井さんはさっそく地元の永源寺町教育委員会に連絡し、それから何人かの化石をよく知っている人がそれを化石林であると確認した後に、私のいた琵琶湖博物館の準備室に連絡がきた。正確にいえばまだこのときには準備室の名前はなく、滋賀県教育委員会文化振興課の「分室」の時代であった。当時は博物館づくりが始まったばかりの時期で、県庁の向かいの文化会館の三階につくられた狭い部屋が仕事場であった。ここには地学を担当する学芸員として一年目の私と私より一年前に採用された山川千代美さんがいた。

現地を見た私たちは、化石が河床のなかにあるために現地での保存

＊化石林＝化石林は、水辺に生えていた樹木が氾濫した川の堆積物などによって根や幹が埋められてしまうことによってできる。つまり、化石林がある場所は、当時たびたび洪水が起こっていた不安定な場所であったことを示している。

写真35　愛知川で発見された化石林　川を付け替えて水がなくなった状態で調査が行なわれた（1990年12月）

は困難であること、しかしこの化石が古琵琶湖層群の展示をつくるなかで必要だと考え、地元教育委員会や自治会、漁協などの協力を得て化石林の現地調査と何本かを切り取る計画を立てた。この仕事は私の博物館づくりに関係した野外での初めての仕事となった。切り取り作業は一二月一一日から開始され年末が押し迫った一二月三〇日までかかった。化石林が川の流れのなかにあったので、まずパワーショベル二台で水の流れていない河床部およそ三〇〇メートルを掘り、川の流れを移す作業から始めなければならなかった。

干上がったもとの川底には、大小あわせて一三〇本以上の化石樹が確認できた（写真35）。地質調査は、大阪市立大学の吉川周作さんを中心に地元の地質を調査するグループといっしょに翌年の一九九一年二月まで断続的に行なわれた。その結果、これらの化石樹はまったく同じ時代に生えていたものではなく、いくつかの違う時期に生えていたものが台風による増水で化石樹のまわりの地層が削られ露出したことがわかった。

この地域には以前からこのような化石林がときどき露出していたよ

うで、地元の人は川にきて釣りをするときに燃やしてその煙を蚊取線香代わりにしていた人もいたとのことだった。

化石樹の種類に関しては、京都大学木材研究所の伊藤隆夫さんが調べてくれた。その結果、太い木はメタセコイア属あるいはスイショウ属の可能性があるスギ科の木であることがわかった。細いものはハンノキ属、バラ科、トネリコ属などであることが確認された。高校の先生である小早川隆さんは太い幹を持つスギ科の五本の年輪を数えてみた。その結果、二三八本から三七五本の年輪があることがわかった。年輪を数えた位置は根より一メートルほど上の位置であることと考えあわせ、これらの木の樹齢はおよそ三〇〇年〜四〇〇年程度と推測した。メタセコイアの寿命は長いといわれているが、少なくともこの愛知川の河原で発見された木々は、およそ三〇〇年〜四〇〇年ほど生きた後に洪水によって押し流されてきた泥によって根に近い幹の部分まで埋め立てられ、枯れて死んでしまったようだ。

化石林が発見された場所のすぐ近くの河岸には、火山灰層が見られた。この火山灰層はおよそ一八〇万年前の「中《なか》火山灰層」と呼ばれて

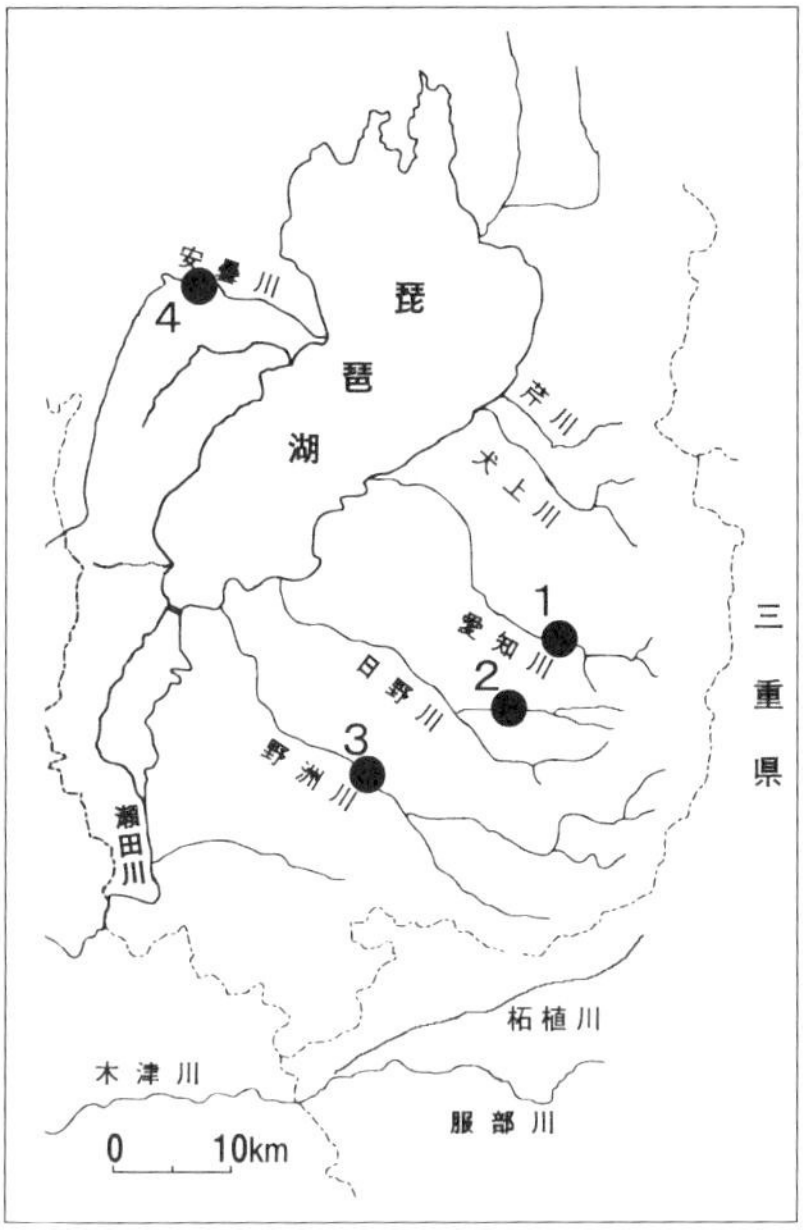

図18　滋賀県内で報告された化石林　1: 愛知川化石林、2: 蓮花寺化石林、3: 野洲川化石林、4: 安曇川化石林

いるものであることが知られている。このことからこの化石林は、蒲生層の終わりの時期のものであることがわかった。

蒲生層の時代には、愛知川化石林の他にも以前から知られている化石林がある（図18）。それは、琵琶湖の東岸を流れる佐久良《さくら》川の化石林である。この化石林は、同志社大学で古琵琶湖層群の研究をされていた横山卓雄さんなどが、蓮花寺《れんげじ》化石林として報告したものである。この化石林から四メートル下の地層にも愛知川で見られた中火山灰層が確認できることから、愛知川の化石林とほぼ同じ時代と考えられている。ここで見られる化石林については木の種類が調べられていないが、化石林周辺からはメタセコイアの球果がたくさん見られることからメタセコイアではないかとされている。

この時代にはメタセコイアやスイショウなどが森林をつくっていたことはすでに述べたが、メタセコイアの森林もおよそ一五〇万年前になると琵琶湖地域から消滅してしまったようだ。

アケボノゾウの祖先は？

蒲生層の時代からはアケボノゾウが発見されていることはすでにお話した。アケボノゾウは、ミエゾウやトウヨウゾウと同じようにステゴドンゾウの仲間である。ところが、ミエゾウの祖先種やトウヨウゾウが中国で発見されているのとは違い、アケボノゾウは中国ではこれまで発見されていない。アケボノゾウの頭骨の研究によれば、ミエゾウの祖先であるツダンスキーゾウ（コウガゾウ）とアケボノゾウの頭骨を比較すると鼻の穴の上にあるくぼみが両者で見られ、ツダンスキーゾウとアケボノゾウは系統的に近い種類であることが知られている。これはなにを意味しているのであろう。

これも先に述べたが、ツダンスキーゾウは、五三〇〇万年前にはすでに日本に渡ってきていたようである。そしておよそ四〇〇万年前に大陸から突き出した半島状の日本のなかで、大陸のツダンスキーゾウとは違うゾウになっていったと考えられる。それがミエゾウなのである。ミエゾウはおよそ三〇〇万年前まで日本のなかで生きていたことは化石の証拠からわかっているが、それ以降の化石は発見されていない。替わって出てくるゾウ化石がアケボノゾウなのである。

アケボノゾウに似た化石は、およそ二五〇万年前の時代から発見され始める。その化石は淡路島や南関東から知られている。ミエゾウの保存のよい頭骨はこれまで報告されていないので、ミエゾウとアケボノゾウの頭骨がどれくらいよく似ているかはわからないが、ミエゾウの祖先種がツダンスキーゾウであるとするならば、当然ミエゾウの頭骨はツダンスキーゾウと似ているということになる。つまり、ツダンスキーゾウとアケボノゾウの頭骨の特徴が似ているということは、アケボノゾウがミエゾウから進化したゾウである可能性を示しているのである。

大陸と日本の間の陸地は、およそ三五〇万年前に切断された後、少なくとも三二〇万年前、二九〇万年前、二四〇万年前にもたびたび切断され、ミエゾウが日本から消え始めるころから日本は頻繁に島の状態になったのである。このような大陸から孤立するような状態がしばしば起こるなかで、ミエゾウからアケボノゾウが誕生したというストーリーが考えられる。肩の高さが四メートルもあるような大陸型のゾウが島化した日本のなかで肩の高さが二メートルほどの小型のゾウになったというのは、十分に考えられる話である。

世界のなかには、島にいることで小型になったゾウ化石の存在が知られている。それらをコビトゾウと呼ぶことがある。コビトゾウは、いろいろな種類のゾウで見られ、それらは地中海のマルタ島やシチリア島、カリフォルニア沖のサンタバーバラ諸島、北極圏のランゲル島などで化石として発見されている。シチリア島のコビトゾウの場合では、最も大きなものでも肩の高さは一メートルにも満たなかったことがわかっている。アケボノゾウは、このようなコビトゾウと同じに扱うほどには小さくはないが、島のなかで小型化した可能性については今後の研究課題として取り上げる価値があるように思う（写真36）。

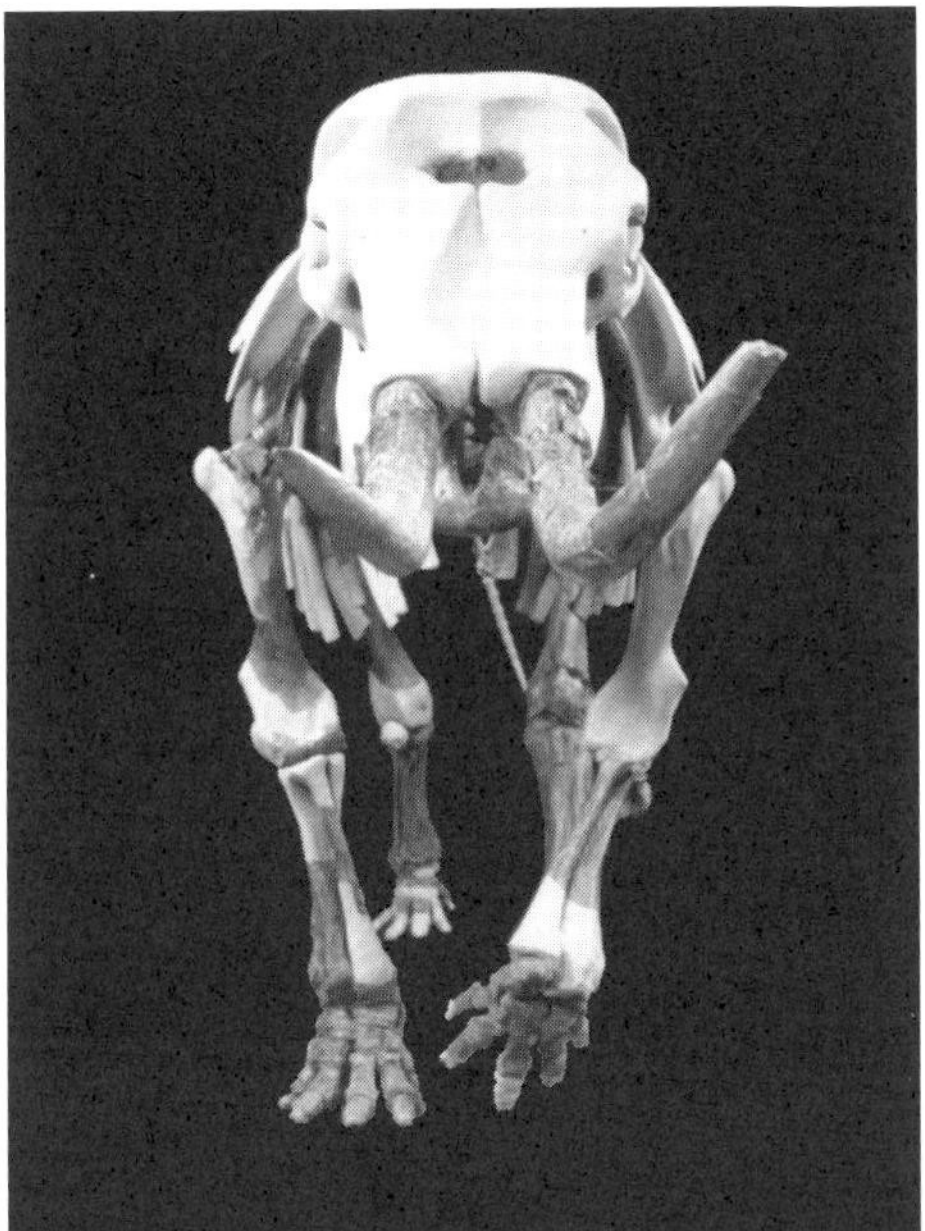

写真36　多賀町産アケボノゾウ
骨格　上: 前面観、下: 側面観
(多賀の自然と文化の館所蔵)

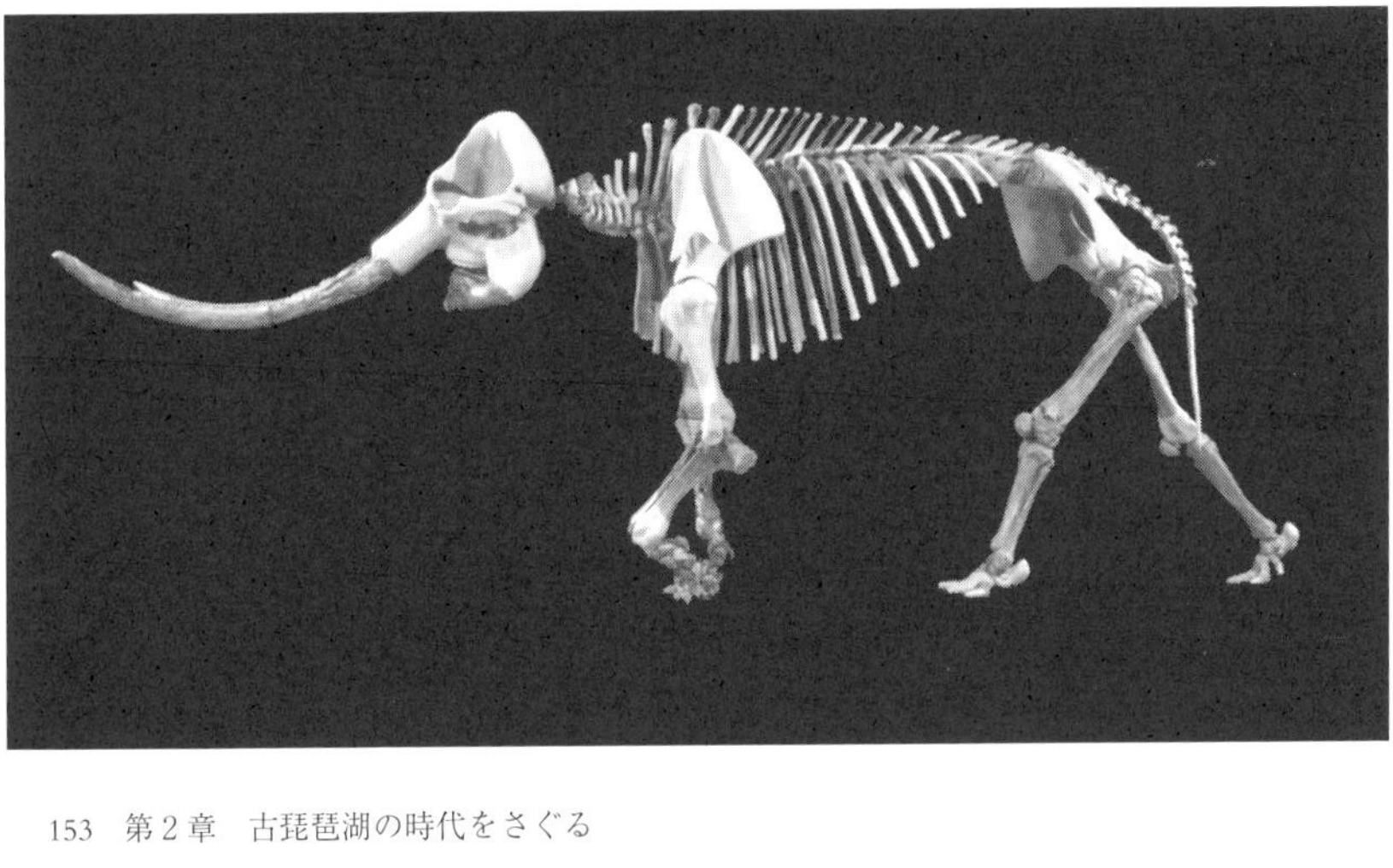

堅田湖の誕生

現在の琵琶湖の西岸には、標高一〇〇〇メートルを超える山が連なっている。南には比叡《ひえい》山、北には比良《ひら》山がそびえている。これらの山々と湖岸との間には、標高一五〇～二〇〇メートルほどの堅田《かただ》丘陵が見られる。琵琶湖の湖面は、標高は八五メートルあるので見た目には一〇〇メートル前後の高さということになる（写真37）。この丘陵の崖では堅田層と呼ばれる青灰色の粘土や黄色をおびた砂の地層が見られる。この地域ではおよそ一〇〇万年前から堆積を始めた。つまり、およそ一〇〇万年前には現在の琵琶湖の西側の丘陵となっている部分は決して丘陵のような状態ではなく、むしろどちらかというと低い状態にあった。そして、その当時には、粘土層を堆積させるような水域があったとされている。この場所にあった湖は堅田湖とも呼ばれている。しかし、その水域は小さく浅いものだったので、埋め立てられてしまうこともあったが、およそ八〇万年前には水域が広がった。そのような水域の拡大と縮小ということを繰り返しながらおよそ五〇万年

写真37　琵琶湖博物館から見た堅田丘陵（遠景の比良山系と湖の間にある低い山並み）

前になると堅田丘陵部にあった水域は消えてしまい、湖は琵琶湖の北の方に広がり、現在のような湖の姿へと変わっていった。このような湖の広がっていく様子は、琵琶湖の湖底をボーリングして堆積物を調べるとわかる。湖底にも数百メートルの厚さで堅田層が堆積しているが、琵琶湖の北部ではおよそ五〇万年前になるまで深い湖の堆積物は見られないのである。

堅田湖の時代は、それまでの時代とは大きく変わっているところがあった。そのひとつは、気候変動の幅が大きくなったこと、つまり、氷期と間氷期が始まったのである。そのため、氷河の影響による海水面の上昇と低下の繰り返しが起こった。こういった海水面が高くなったり低くなったりの繰り返しは、すでに二五〇万年前くらいから始まったとされている。海面の高さの変化は、地球の極地域の氷床の拡大と縮小におもな原因があると考えられている。

このような氷期と間氷期の繰り返しによる海水面の上昇と下降の様子は、大阪平野の地下でも見ることができる。ここには、一五〇〇メートル以上の厚さの堆積物があり、それらには砂や砂礫の層とその間にはさまる一五層の海成粘土層からできている。海成粘土層は、海底にたまった泥で、淡水にたまった粘土に比べ青い色が濃く、ときには深緑色になることもある。そして、強い酸性を示すことから、地下に埋めたガス管や水道管を腐食させることも起こったりした。それでは、なぜ大阪平野の地下には海成粘土層が見られるのだろうか。実は、この粘土層の存在こそ海水面が上昇した証拠なのである。海面が上昇することで、海が平野の奥の方にまで侵入してきて、そこに粘土層をためたのである。そして、砂や砂礫の層は海面が下がったときに、海面が上昇していたときに海底になっていた平野部が陸化して、そこを流れる川が運んできた堆積物なのである。粘土層からはシキシマナツメやコナンキンハゼなどの温暖な植物化石が産出する一方、砂や砂礫層からはヒメバラモミやミツガシワ、チョウセンゴヨウなどの寒冷な植物が産出する。このことは、温暖な時期に海面が上昇し、寒冷な時期に海面が下降したことを裏づけている。この海成粘土層のうち最も下にあるものはMa1層と呼ばれが、その年代はおよそ一二〇万年前であることから、大阪平野ではこの時代から海面の上昇や下降の証拠が保存されているということになる。

日本海の海底堆積物や沿岸の陸上堆積物の研究によれば、およそ一七〇万年前以降はほとんどが大陸と日本の間に海峡が存在していたとされている。したがって一七〇万年前から現在に至るまで、九州西方の陸地をつたって日本へ大陸から動物たちが渡ってくることは非常に困難な状態となってしまった。それでも海面が下がるたびに海峡部の水深が非常に浅くなったり、あるいは短い時間ではあるが完全に陸化することもあったので、その期間に限って動物たちは移動することができた。

堅田層の貝類は先に見たように古い方の時代の「堅田動物群Ⅰ」と呼ばれているものと、新しい時代の「堅田動物群Ⅱ」と呼ばれている二つの貝類相がある。堅田動物群Ⅰの時代には、蒲生動物群で見られた貝類はすべて絶滅して、新しい種類の貝が出現するのだが、その構成種は中国大陸の種類が減って、現在の北アジアに棲んでいる仲間が見られるようになるのが特徴とされている。また、堅田動物群Ⅱの時代には、中国大陸に現在見られるような種類は見られなくなり、現在の琵琶湖で見られるような貝類群集に近い構成となっていった。そして、魚類化石、特にコイ類の化石では、堅田湖の時代に種類が豊かになるとされている。

これらは、大陸と日本列島の間が陸続きの状態になるたびに新たな動物群の渡来が大陸からあったことと、その後、海峡ができて島の状態なったときに、日本のなかで閉じこめられた動物たちが絶滅したり日本独自の種へと進化していく過程の一部を見ているのだと思われる。

こうして、私たちが古琵琶湖層群のなかで見ることができる陸上のゾウ化石、湖の貝や魚の化石、そして植物化石などの移り変わりは、地球規模の気候変化や大陸と日本の接続関係の変化によって起こっていた出来事を反映していたことがわかってきた。琵琶湖はその歴史が長く、およそ四五〇万年という長さがあることから、そこには東アジアで起こった四五〇万年間の出来事を絶え間なく記録してきたのである（図19）。

私たちが河原や崖で化石を採集しているときには、そのような広大な現象を意識することはできない、視野を広くしてみると、琵琶湖地域から出てくる化石の持つ意味の重要性が見えてくる。琵琶湖は、そ

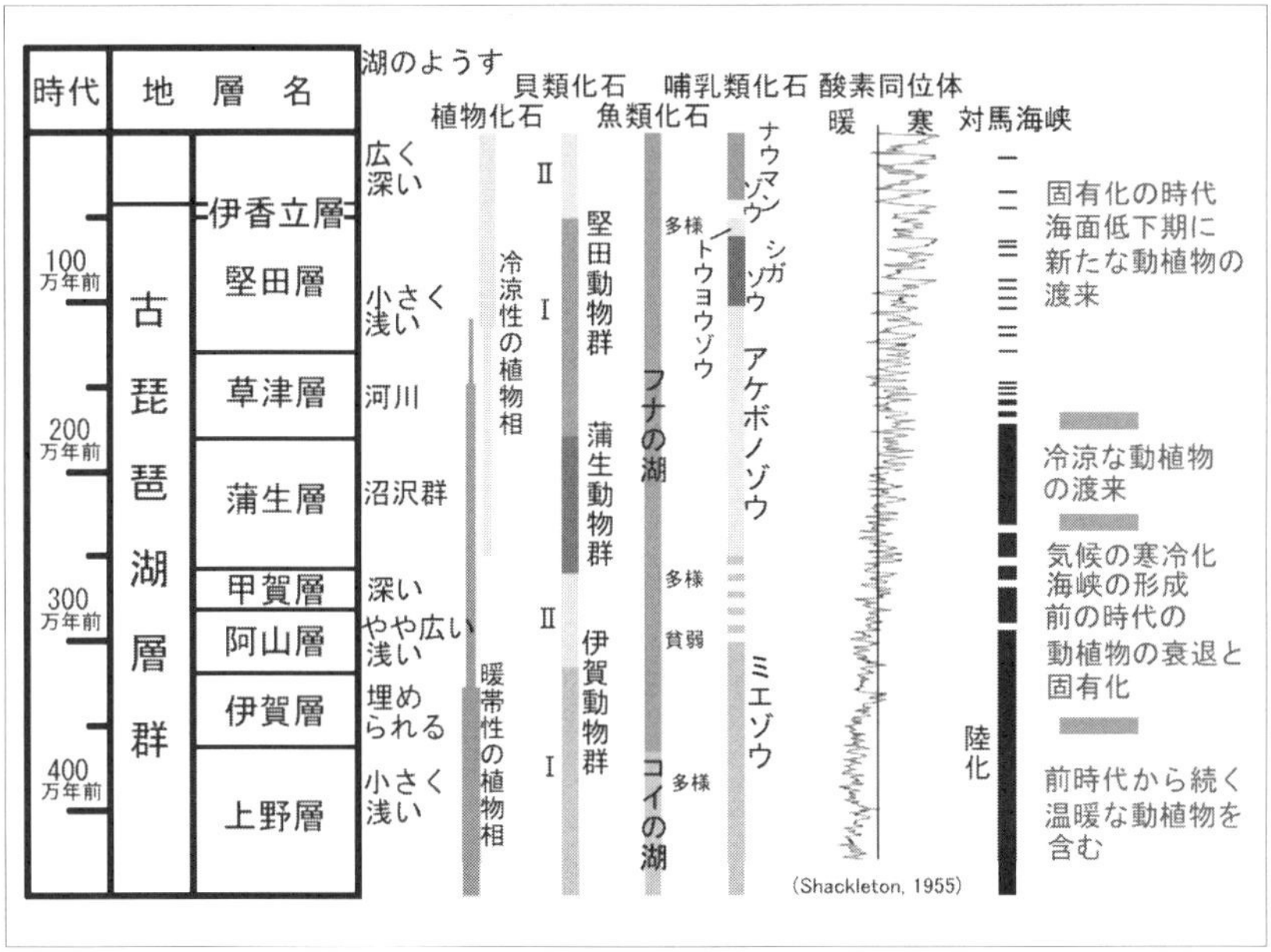

図19　古琵琶湖層群の総合図

の地域であった局所的なことだけを記録しているのでなく、遠く離れた広大なスケールの出来事まで記録している湖なのだ。

第3章　日本の動物相のおいたち

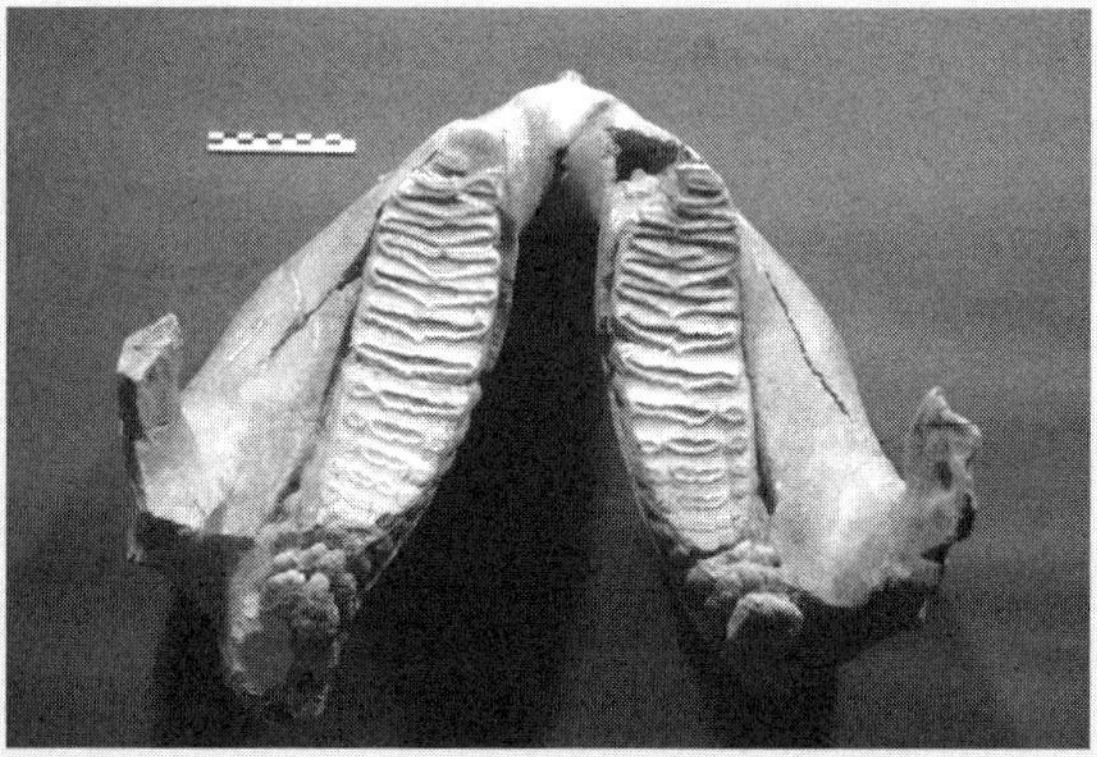

写真38　ナウマンゾウの基準となった下顎化石（京都大学所蔵）

変動する地球の気温

地球規模の気候変化に関する話は「温暖化問題」をはじめ現代社会ではたびたび耳にする。国連の「気候変動に関する政府間パネル（IPCC）」の報告によれば、現在のところ地球の気温は一〇〇年あたり摂氏〇・七四度上昇しているという。この測定に対しても温度上昇の高い都市部を入れることで平均気温が高くなっているのではないかという指摘もあるが、とにかく上昇はしているようである。

それではそもそも、地球の表面温度を決めている要因はどこにあるのだろうか。その温度を左右する第一の要因は、地球にとって唯一の熱源といってもよい太陽にある。地球は太陽から放射されるエネルギーを浴びることで温度を上昇させている。しかし、太陽からのエネルギーをすべて吸収するわけではなく、その一部は反射している。したがって、太陽から放射されたエネルギーのうち地球が反射する分を差し引いたものが、地球を暖めるエネルギーとなる。この際に重要な働きをしているのが、大気である。

もし、仮に大気がないと仮定して、太陽エネルギーによって地球が暖まる温度を単純に計算すると、地表の温度は摂氏マイナス一八、九度にしかならないらしい。しかし、実際の地球表面の平均温度は、一四、五度もあり、いかに大気が地球の温度を保つために重要な働きをしているのかがうかがえる。そして、このような地球の温度を保つ大気の働きを「温室効果」と呼び、その働きをするガスを「温室効果ガス」と呼んでいる。温室効果ガスには水蒸気、対流圏オゾン、二酸化炭素、メタンなどがある。

地球表面の平均気温である摂氏一四、五度という温度は、多くの化合物が分解してしまうほど高温でもなく、また複雑な化合物をつくれないほど低温でもないという観点から、適度な温度であるとされている。ちなみに地球よりひとつ太陽に近い軌道を回っている金星では、表面温度の平均は四〇〇度になるし、ひとつ遠い火星ではマイナス五五度となっている。ただし、金星の温度が高いのは、ただ単に太陽に近いというだけではなく、表面が九〇気圧ほどの二酸化炭素でおおわれていることにも原因があるらしい。

さて、地球温暖化の原因として現在考えられているものには、①太陽放射が強まった、②反射率が低くなった、③温室効果が強くなったなどのおもに三つが挙げられているが、このなかでも人為的な温室効果ガスの排出が注目されているのは、よくご存知のとおりである。このようなことを議論するには、地球全体の温度変化の様子を知ることが大切なのだが、実際に温度計で計測された資料が残るのは、一八五〇年以降のわずか一六〇年ほどの期間にすぎない。そこで、私たちがよく耳にする地球温暖化の話の多くは、ここ数十年、せいぜい一〇〇年ぐらいの気温の変化を話題としていることが多い。私たちのように化石の研究をしている者の時間尺度からいうと、一〇〇年単位は地球の変化を語るにはあまりにも短い時間のように思える。

見方を変えてもっと長い目で地球の温度変化を見てみると、おもしろいことに地球温暖化の話はまったく違ってしまう。過去一〇億年ほどの長い時間で地球の気候を見てみると、大規模な氷床が存在してい

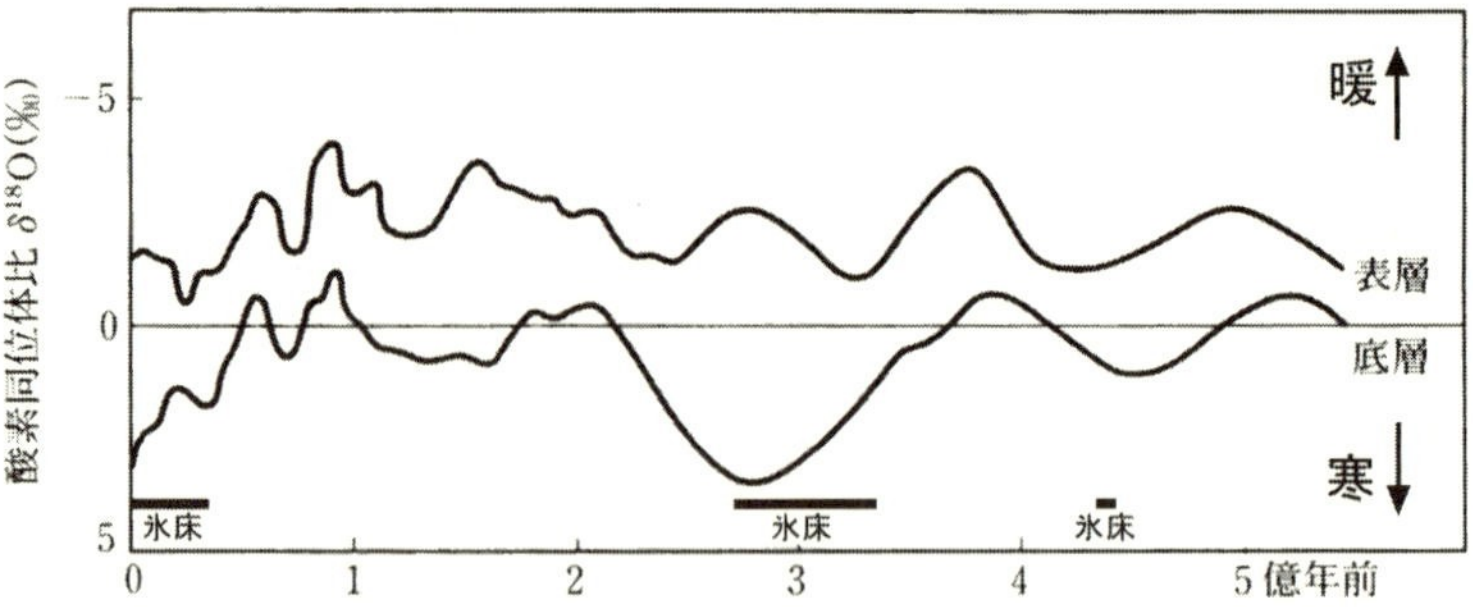

図20　過去5億5000万年間の海洋表層と低層の酸素同位体の変動曲線　ここに示された曲線は温度の寒暖と読み替えることができる。4億4000万年前、3億3000万年前、3700万年前には地球上に氷床が形成され始めた（増田、1996をもとに作成）

た時代と氷床がなかった時代とが繰り返されてきたと考えている人もいる。[20,21] このような見方をすれば、現在はおよそ三七〇〇万年前に始まった氷床のある時代で、地球の歴史のなかではむしろ寒冷な時代なのだ。実際に現在でも、氷床は南極とグリーンランドで見ることができる。また、二万年ほど前には氷床のあった場所がかなり拡大していたことも知られている（図20）。

さて、この地球上に氷床がある時代には、氷期と間氷期を繰り返して、高緯度地域にある大規模な氷床が周期的に拡大したり縮小したりする。大陸に氷床があることによって、地球上の水が氷として陸上に固定され、その結果、海水面は低くなる。たとえば、現在の南極の氷床の面積は一四〇〇万平方キロメートルあり、地球表層のおよそ九〇パーセントの淡水がこの氷床に固定されていると見積もられていて、見方を変えれば海面は現在の高さまで下がっているということもできる。この南極大陸の氷がすべて溶け出せば、海面の高さはおよそ六〇メートル上昇するだろうといわれている。逆にもっと寒かった時代には、氷床の面積は拡大していたので、海水面の高さは現在よりもさら

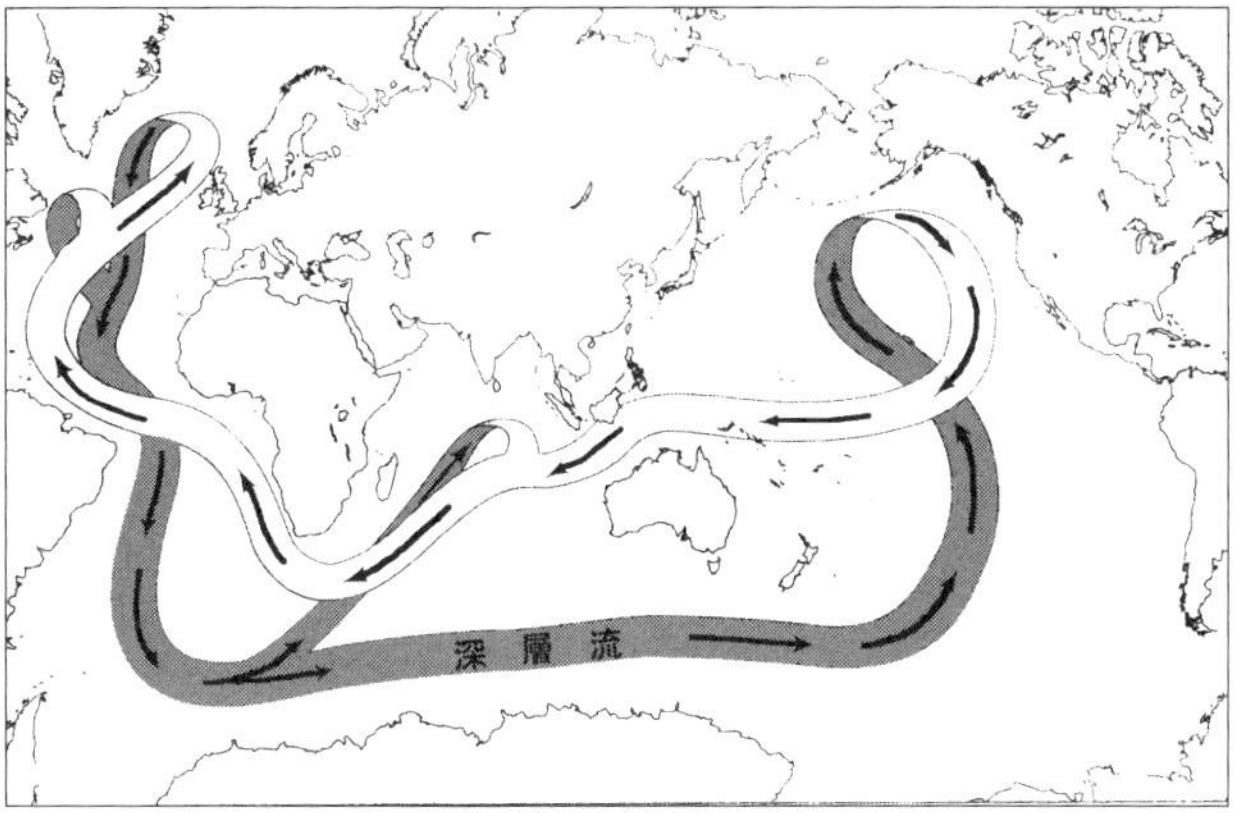

図21　海洋に見られる大循環　発見者の名前にちなみブロッカーのコンベヤーベルトと呼ばれている

に低かったことが想像できる。

また、氷床のある時代には、海水の循環も氷床の影響を受けることになる。高緯度地域の海水は氷床があることによって冷やされ、深い海底に沈んで地球全体を循環する（図21）。このとき、表層と底層の温度差は大きくなる。この温度差は、表層の温度も低い高緯度では小さいが、表層の温度が高い低緯度で大きくなり、結果として地球上の気候帯が明瞭となる。気候帯は、熱帯、温帯、寒帯に分けられるようになり、大気の大循環が複雑化し、年内の気温の変化幅が大きくなり、寒い冬が出現する。

地球上に氷床のない時代はその逆で、気候帯は熱帯と温帯しかなくなり、夏と冬の気温差が小さくなる。氷床が存在しないので冷たい海水が生産されなくなり、海水循環が弱くなる。恐竜が生きていた時代はおもにこのような時代であった。こうして氷床のある時代とない時代は、数億年単位で繰り返されて、地球の歴史をつくってきたと考えられている。

この二つの時代の転換点として最も新しいのが、先に述べたおよそ三七〇〇万年前のことである。このとき、氷床のない時代から氷床のある時代へと転換が起こった。この転換が起こった原因としては、大陸が分裂し南極大陸が孤立したことが関係しているとされている。このことによって海流の流れが変わり、南極が寒冷化して氷床が発達し始め、氷床のある時代へと転換したとの考えがある。

その一方で、三七〇〇万年前からの気温の低下には、インド大陸がアジア大陸に衝突した事件が関係していると考えている人たちもいる。この衝突によって、ヒマラヤやチベット高原が隆起を始め、高くなった地表は削られたり風化が進んでいった。この風化現象は、岩石と水の反応や大気中の二酸化炭素や酸素との反応をうながして、二酸化炭素濃度の低下を招き、両極の氷床の発達、そして寒冷な気候が到来したという筋書きが考えられている。いずれにしても、三七〇〇万年前を境にして、気温は低下していったのである。

一五〇〇万年前にもさらに寒冷化が起こったが、この原因は南極でつくられた冷たく重い深層水が、プレートの沈み込みによってできた新たな通路を伝わって、北太平洋に流れ込むようになったことが原因

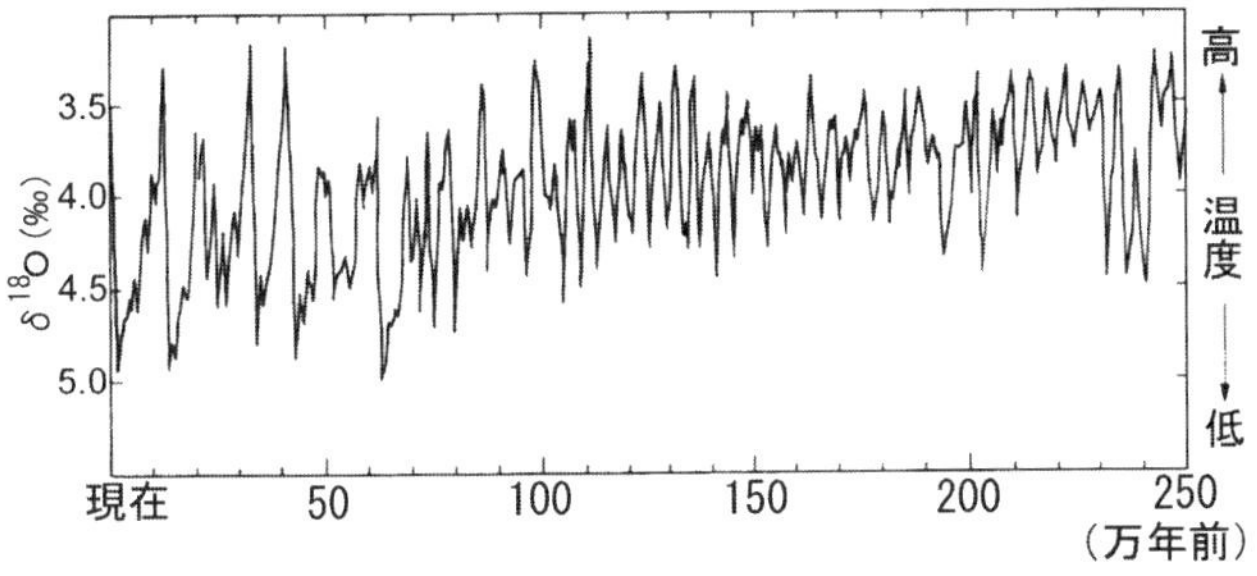

図22　250万年前から現在までの酸素同位体曲線　温度の変化として読み替えることができる（Shackleton, 1955より転載）

とされている。

さらに、この本で扱っている五〇〇万年前より後の時代では、三五〇万年前～二五〇万年前にかけて急速に寒冷化した。この時期にいっそう寒冷化が進んだ原因は、南北アメリカの間にあるパナマ海峡が陸化して閉鎖されたためと考えられている。このことによって、そこを西に向かって流れていた暖流が北に向かうようになり、暖かいメキシコ湾流となった。このため、大西洋から流れていた暖流が途絶えた北アメリカ大陸の太平洋沿岸では、冷たい深層水が上昇するようになり、寒冷化することになったと考えられている。また、暖かい海流は高緯度地方へ暖かく湿った空気を送り込むことから、北大西洋沿岸の降雪量を増やしたとされている（図22）。

さらにこのころに急速に高くなり始めたヒマラヤ山脈とロッキー山脈の上昇による大気循環システムの変化も大きな要因であると考えられている。このうち東アジアの気候に直接影響を与えるヒマラヤ山脈とその北側にあるチベット高原の上昇は、東アジアのモンスーン気候をつくり、チベット高原の冷却、アジア内陸部の乾燥化などをもたらした。

近年の研究によれば、東アジアにモンスーン気候が生まれたのは二〇〇〇万年前よりも古いとされる研究もあるが、モンスーン気候が本格的に始まったのはおよそ三〇〇〇万年前だったようだ。このことによって中国内陸部における乾燥化もいっそう強まっていった。こうして、三五〇〇万年前〜二五〇〇万年前を境にして、それまでとは違う気候システムが地球上にできあがった。

ミランコヴィッチサイクル

こうして見てくると、現在は三七〇〇万年前から始まる地球上に氷床のある時代であり、いくつかの急激に寒くなる時代を経て、寒冷化に向かっている時代ととらえることができる。なんだか地球温暖化が叫ばれているのがうそのようだ。それではなぜ、地球温暖化が叫ばれているのであろうか。これには、地球の周期的な運動を知る必要がある。

地球は太陽のまわりを回っている（公転）。この公転する軌道は、円に近いときとやや楕円形《だえんけい》のときがあり地球と太陽の距離が変化している。この変化は一〇万年と四一万年の周期で起こっているという。また地球は、自らも回転している（自転）。コマに軸があり軸を中心にして回るように、地球が自転するときにもその回転の中心となる軸を仮に考えることができる。これを自転軸という。自転軸は長い時間でみると、一方向を示さずゆらいでいる。ちょうどコマが傾いて回るときに軸がフラフラするのと同じである。このゆらぎの周期は、二・三万年〜一・九万年の幅で変動している。また、自転軸は公転している平面に対して傾いているがその角度は、四・一万年の周期で変化している。このような規則正しいゆらぎが重なりあって地球は運動をしているために、太陽から受けるエネルギーの量も規則正しく変化し、地球の気候に影響を与えていると考えられている。

このことに最初に気づいたのは、ユーゴスラビア（当時）のミリューシン・ミランコヴィッチ（一八七九〜一九五八）だったことから、地球の自転や公転に伴う長い時間での変化の周期をミランコヴィッチサイクルと呼んでいる。ミランコヴィッチは、地球上に大きな氷河が発達したのは、地球の自転や公転に伴う周期が原因であるとして「氷期の原因に関する天文学説」を一九二〇年に提唱した。当時はもちろんコンピュータのない時代なので、この複雑な計算のために寝る間も惜しんで一〇〇日間も連続して計算した話は有名である。ミランコヴィッチの学説は初め人びとに広く受けいれられたが、いくつかの問題が指摘されるようになって次第に人びとから忘れ去られていった。

しかし、一九七〇年代後半になって海洋底の堆積物に含まれる有孔虫化石の殻を使った酸素同位体の研究が進むと、その時間的変化に四一万年、一〇万年、四・一万年、二・三万年、一・九万年という周期があるのがわかってきた。それらの周期が、ミランコヴィッチサイクルと一致することが確かめられるようになると、ふたたびミランコヴィッチサイクルが注目され始めた。

地球には先に述べたような数億年単位の気候の変化とは別に、もっと短い周期での地球自身のゆらぎによる、数十万年〜数万年周期の気

＊**有孔虫**＝有孔虫は、普通大きさが数ミリメートル以下で、石灰質の殻を持つ。その生活場所は水深や底質、水質などに左右されるため、有孔虫の化石は当時の環境を推測するうえで役立つ。また、殻に含まれる酸素同位体の研究によって当時の気温も推定できる。

候変化がある。さらに、実際の気候は、この地球のゆらぎによる太陽エネルギー量の変化の影響だけではなく、大気や海洋水の循環によっても大きな影響を受けてできあがっている。

この数十万年～数万年周期の寒冷期と温暖期が交互に現れる現象は、今から七〇万年前により明瞭になり、氷期・間氷期の周期がおよそ一〇万年ごとに訪れるようになった。そして、この周期でいえば現在は温暖期のほぼ頂点にあたっている時期であるといえる。

つまり、地球の歴史を億年単位のスケールで見ると、現在は三七〇〇万年前からどんどん気温が低下する寒冷な時期なのだが、その低下する直線を拡大して数万年単位のスケールで見るとそこには小さな寒暖の気候の振幅があり、そのうち現在は温暖期の頂点であるということである。さらに最近百数十年の実際の観測データによれば気温が近年急速に上昇しているので、このことが人間活動の影響ではないかと心配しているというのが、現在いわれている「地球温暖化」の話である。時間スケールを変えてみると、地球が寒冷化して見えたり、温暖化して見えたりするのはおもしろい（図23）。

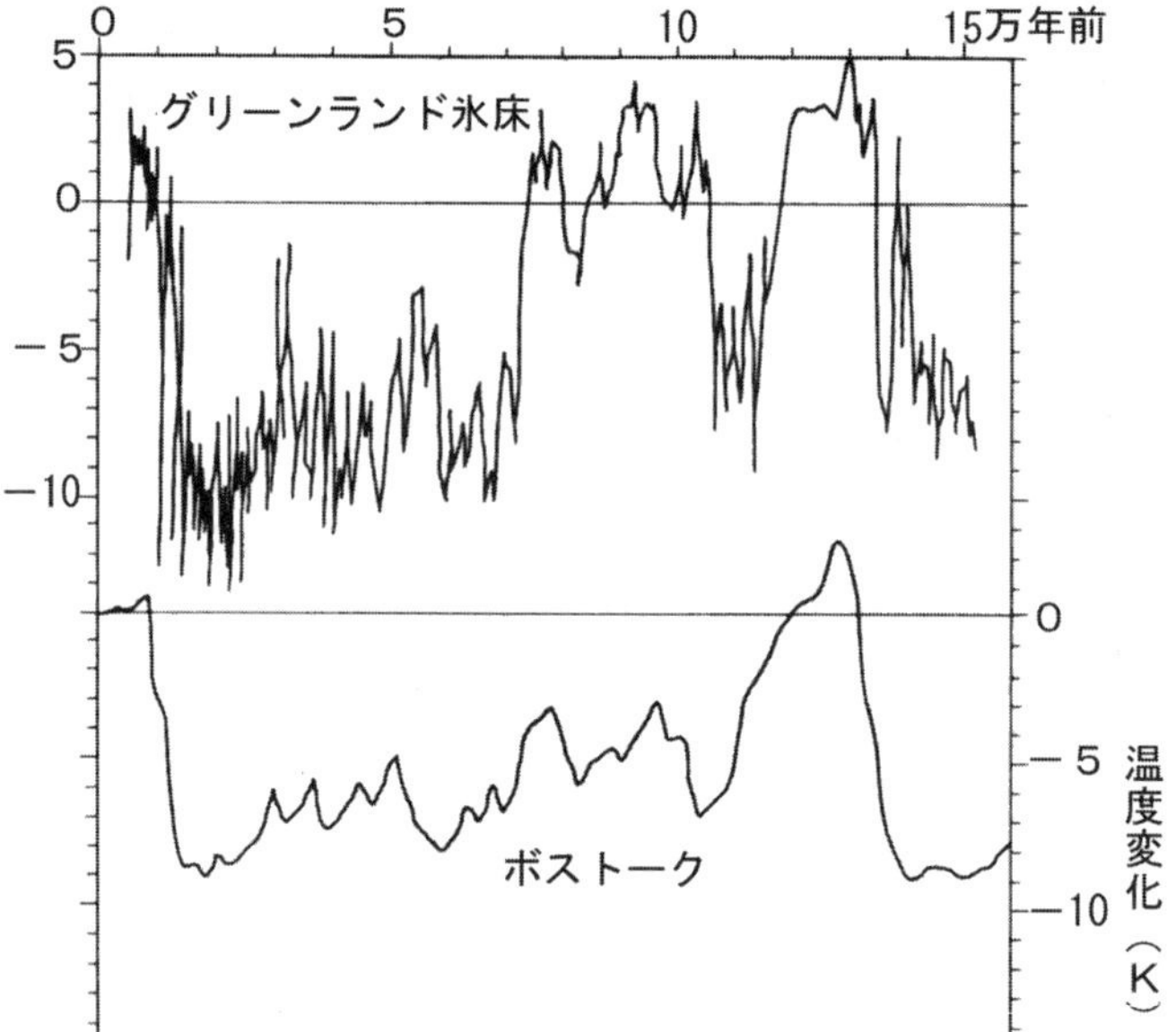

図23　過去15万年間の気温変化曲線　酸素同位体曲線を気温に変換したもの。上のグラフはグリーンランド氷床西部末端のデータ。下は南極のボストーク基地の付近で行なわれたボーリングコアのデータ。両者の曲線の傾向は全体的にはよく一致しているが、10万年前前後の年代では異なる。北半球と南半球で気候に違いがあったことを意味している（Reeh et al., 1991より改変）

寒冷化と島化が変えた動物相

話は少しまわり道をしてしまったが、この本で扱っている五〇〇万年前以降の日本の動植物の移り変わりを考えるうえでは、三五〇万年前〜二五〇万年前に世界的に起こった気候の寒冷化がたいへん重要な意味を持っている。このことを意識することで、日本の動植物化石の変化も見えてくる。これまでの話をおさらいしながら日本の動物相の変遷を見てみよう。

国内では五〇〇万年前〜三〇〇万年前の動物化石産地はあまり多くなく、一地域で多くの種類の化石が発見されている場所は、この本の中で紹介した古琵琶湖層群の上野層が分布する三重県伊賀《いが》市と津房川《つぶさがわ》層が分布する大分県宇佐《うさ》市くらいではないだろうか。これ以外の地域ではミエゾウなどのゾウの化石が発見されている場所が十数カ所あるが、他の陸に棲む動物たちの化石はほとんど見つかっていない。

上野層や伊賀層あるいは津房川層下部の時代には、急速な寒冷化が始まろうとする直前の時期で、サイ、サンバージカ、カントンクサガメ、ハナガメ、ヨウスコウアリゲーターなどの温暖な地域を好む動物たちが暮らせるような環境が、少なくとも西日本にはまだ残っていた。植物化石においても、上野層の時代には暖温帯以南に分布するような種類が残っていたが、それらも時代が進み寒冷化が増すなかで徐々に消えていったようである。

ミエゾウは絶滅してしまったゾウであるので、その生態についてはわからない。しかしながら、このような亜熱帯性の動物たちといっしょに出てくることを考えると、やはり温暖な気候を好んで暮らしていたゾウであったと思われる。その分布の北限は宮城県仙台市であることはすでにお話しした。仙台市から発見されているこのゾウの時代は、他のミエゾウの産出時代よりは古くおよそ五三〇万年前であること、また形態的にはミエゾウというよりはその祖先種のツダンスキーゾウに類似することから、このころに中国からミエゾウの祖先種であるツダンスキーゾウが日本に渡ってきたと考えられている。というよりも、

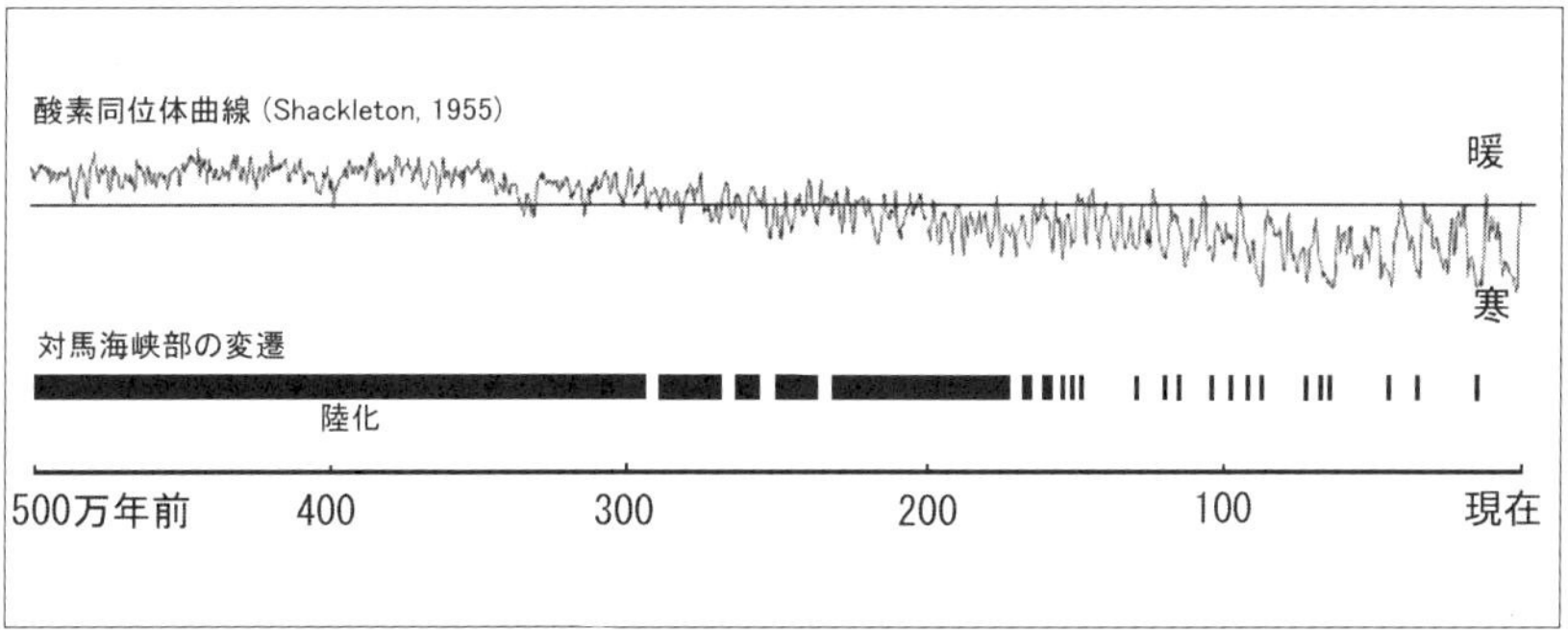

図24　九州西方海峡部の陸化状態と気温の変化（海峡部の状態はKitamura and Kimoto, 2007をもとに作成）

当時の日本は大陸から突き出した半島のような状態だったのだから、渡来したというよりは半島の先までツダンスキーゾウが棲んでいたといった方がより正確であろう。

ところが、三五〇万年前になると九州西方の大陸と陸続きになっていた場所に地殻変動が起こり、陸地が落ち込み、そこを対馬海流が通り日本海に流れ込むようになってしまった。そしてその後も、大陸との接続がつながったり、途切れたりが繰り返される不安定な時期が二四〇万年前まで続くことになった（図24）。この時期は、気候の世界的な寒冷化が急速に進んだ時期にほぼ相当していて、それまでなんとか生き延びていた温暖な気候を好む動植物も大きな影響を受けることになったのである。動物たちは、寒冷化する気候のなかで少しでも南の暖かいところに移動しようと南下を試みたであろうが、この時代には日本と大陸との間の接続は切れていることもしばしばあり、南下の行く手を阻まれることも起きたに違いない。このため、三五〇万年前までなんとか生き残っていた温暖な気候を好む動物たちの多くは、この時期に日本からは絶滅してしまったと考えられる。

このようななかで、ミエゾウは寒冷化に耐え小型化することで、島となった日本の環境に適応して生存し続けた動物だったのではなかろうか。三〇〇万年前以降の時代からはミエゾウの確かな化石が発見されていないこと、アケボノゾウには似ているもののやや原始的な形態を持つゾウの歯がおよそ二五〇万年前から産出し始めること、ミエゾウとアケボノゾウの頭骨の特徴がよく似ていることなどは、三〇〇万年前〜二五〇万年前に大型のゾウであったミエゾウが小型のアケボノゾウに進化していったという推測を支持しているように思える。しかし、このことについてはまだ十分な証拠がないので、本当にそうなのかは今後さらに研究を進めていかなくてはならない。他にも寒冷化と島化に適応した動物は数多くあったと考えられるが、化石の研究からは現在のところわかっていない。

冷涼な気候を好む動物相

三五〇万年前～二五〇万年前の急速な気候寒冷化の時期をすぎると、日本の動植物相は一変してしまった。たとえば、古琵琶湖層群でいえば、およそ三六〇万年前の上野層の終わりに大山田湖のまわりに生えていたメタセコイア、スイショウといった落葉針葉樹やハンノキ、エゴノキといった落葉広葉樹などは、なんとか生き延びていたが、フジイマツ、チャンチンモドキ、カリヤクルミ、アカガシ亜属の木などの亜熱帯から暖温帯性の植物は、およそ三二〇万年前から始まる阿山《あやま》層の時代には絶滅していた。そして、メタセコイアやスイショウなどもおよそ一八〇万年前の堅田《かただ》層の始まる前には琵琶湖地域からは見られなくなってしまった。さらに、堅田層の時代にはミツガシワ、チョウセンマツ、ヒメバラモミなどの冷涼な気候を好む植物が出現してくるようになった。同様な傾向は琵琶湖地域に近い大阪地域に分布する大阪層群の植物化石についても知られている。[16]

より寒冷な気候となった二五〇万年前以降、化石として日本から発見されている陸上動物の代表は、アケボノゾウとシフゾウである。シフゾウというのは、ゾウの一種ではない。「ヒヅメはウシに似てウシでない、頭はウマに似てウマではない、ツノはシカに似てシカでない、体はロバに似てロバでない」ということから中国で「四不像」という名がつけられたとされるシカの仲間である。生きているシフゾウは一八六五年に中国北京郊外の清朝皇帝の狩場であった南苑に飼われていたものが、フランス人の神父によって発見され、新種として報告された。すでにこの時点で野生のシフゾウは絶滅していた。

化石では日本、中国、台湾などから報告されている。日本からはおよそ二〇〇万年前の地層からシカマシフゾウと呼ばれる化石が発見され始める。シカマシフゾウが本当にシフゾウの仲間なのかどうか今のところ私にはわからないが、とにかくそれ以前の時代には日本にいなかったシカであることは確かである（写真38）。

同様におよそ一八〇万年前には、長崎からカズサジカ、ニッポンチタール、キュウシュウルサジカと呼ばれるシカ類が発見されている。これらのシカ類についてもいずれも分類的な位置づけがあまりはっきとしていないが、これらのうちでカズサジカは、この時代から数十万年前までの地層から比較的多く発見されている。古琵琶湖層群では蒲《が》生《もう》層や堅田層からも発見されている（写真39）。

シカ類は多くの場合ツノの形に特徴があり、またツノの化石が多く発見されることから、これまでシカ類の化石は、ツノの形を中心にして分類がされてきた。しかし、ツノの形には変異が多く、また年齢とともに形に変化があることから、しばしば分類に混乱が生じることも

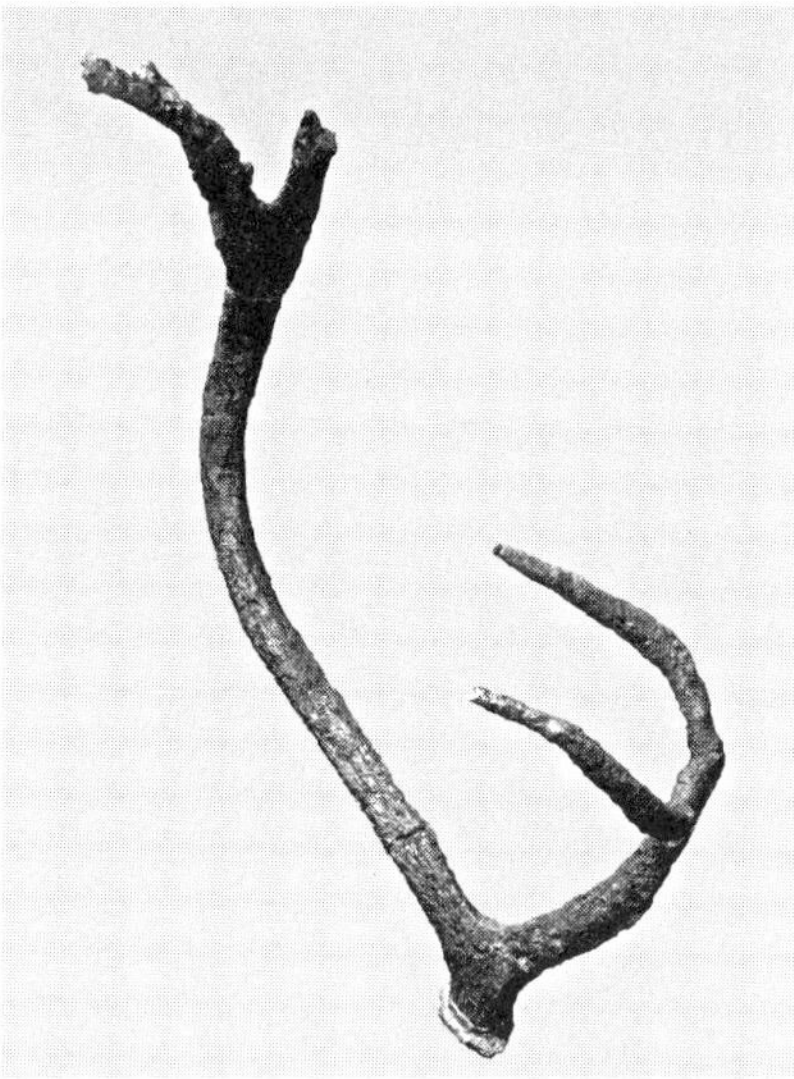

写真38　シカマシフゾウのツノ化石（兵庫県明石海岸産、多賀の自然と文化の館所蔵レプリカ）

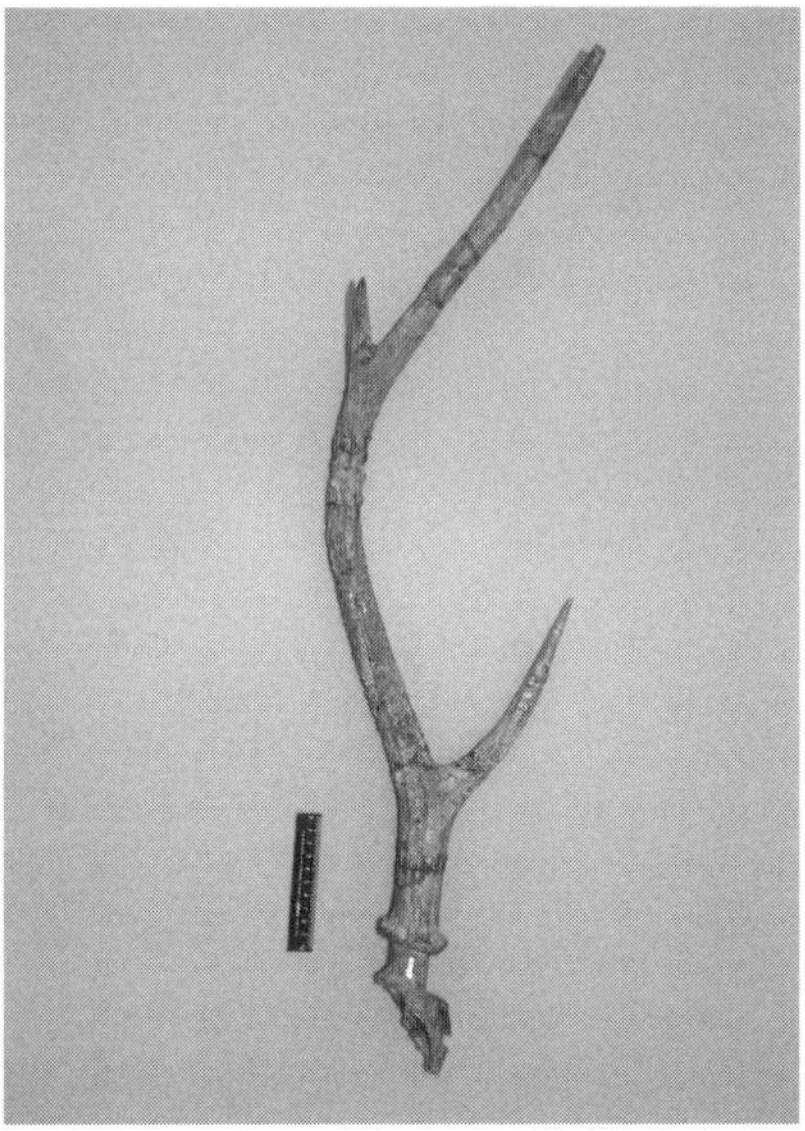

写真39　古琵琶湖層群堅田層から発見されたカズサジカのツノ化石（琵琶湖博物館所蔵）

あった。それでも、二〇〇万年前〜一八〇万年前の時代に日本で発見されているシカ類のツノ化石を調べてみると、よく似た形態のものがほぼ同じ時代の中国の山西省西候度《シーホードゥ》、陝西省藍田《ランティエン》、河北省泥河湾《ニーホーワン》などの遺跡からも発見されていることがわかる。この時代に中国東部から日本にかけて同様なシカ類が生息していた様子がうかがえる。

また、肉食の動物では、ファルコネリオオカミと呼ばれるオオカミが東京都西部を流れる多摩川から見つかっている（写真40）。この発見場所のそばからはシフゾウのツノやアケボノゾウの幼獣の頭の化石が発見されていて、これらの動物種といっしょに生きていたことがわかる。ファルコネリオオカミは、この時代にユーラシア大陸からアフリカ大陸に広く分布していたオオカミで、中国四川省巫山《ウーシャン》からも発見されている。やはり、これらの動物たちも日本と大陸とのつながりを示す動物といえる。

多賀《たが》町の古琵琶湖層群から発見されたほぼ一頭分のアケボノゾウや、湖南市を流れる野洲《やす》川の河原で発見されたアケボノゾウの足跡化石はこの時代のものである。蒲生層からはゾウだけではなく、シカ類の化石や足跡化石も発見されているのだが、種類はまだわかっていない。おそらくカズサジカのものであろうと推定されている。この時代の動物たちは、前の時代から急速な寒冷化という大きな変化を乗り越えて生き延びてきた動物たちと、新たにこの時代になって大陸から渡ってきた温帯の森林のなかで生活する動物たちで構成されていて、古琵琶湖層群の初めのころにいた動物たちとは大きく変わっていた。

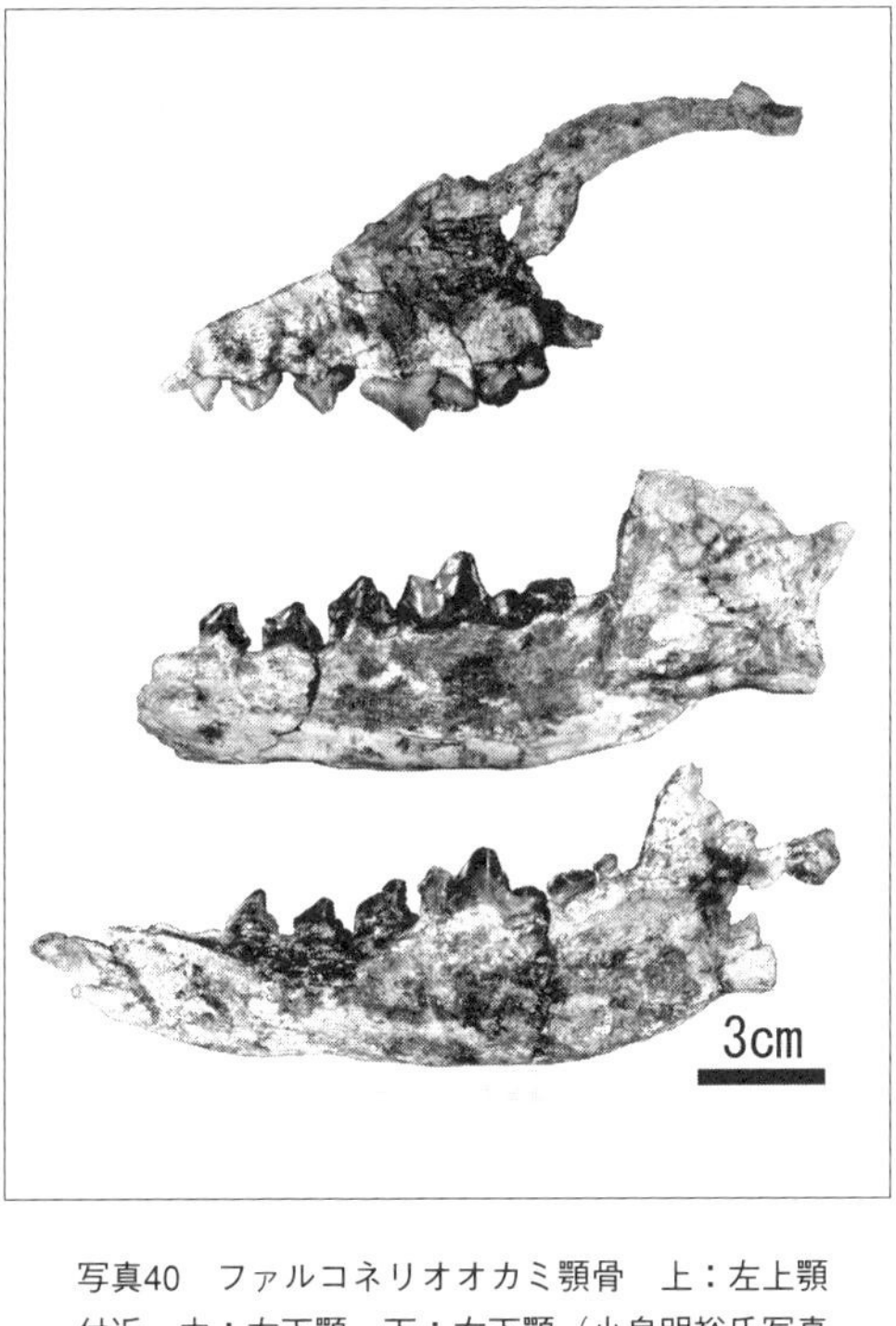

写真40　ファルコネリオオカミ顎骨　上：左上顎付近、中：左下顎、下：右下顎（小泉明裕氏写真提供）

島の時代につくられた日本の動物相

およそ一七〇万年前以降はよりいっそうそれまでの時代とは異なっていた。それまでは、途切れることはあっても、長い期間大陸との接続が続いていたような状態であったが、この時代以降は基本的には大陸と日本の間に海峡がある時期が続くようになった。そして、そのようななかで、地質学的には一時的といえる寒冷な氷期に、海水面が下がることで出現した陸域を通って、新たな動物たちが大陸から日本にやってきた。

七〇万年前以降には寒暖の振幅は大きくなり、一〇万年周期で明瞭な氷期と間氷期が訪れるようになっていった。そして、氷期にはこれまでにない寒冷な気候となることがあった。七〇万年以降に、大陸と日本の間が陸化して動物が渡来できた時期は、少なくとも二回はあったと考えられている。それらは、およそ六三万年前と三四万年前である。この時期は世界的にみても寒冷な時期で海水面が低下したことが知られているが、日本海海底の堆積物の調査でもこの時期に厚い暗色粘土が存在し、大陸と日本の間が陸域となり、対馬海流が日本海に流れ込むことができなかったことが推定されている。

このおよそ六三万年前にできた陸域を渡って大陸からやってきた動物には、トウヨウゾウ、ニホンムカシジカ、スイギュウ、サイ、トラ、クマ、ニホンザルなどがいた。これらは、動物相としてみると温暖な気候を好む動物たちであり、およそ六三万年前の寒冷な気候の直後、まだ海面が十分に上昇しないような段階で、急速に温暖化した気候に伴って大陸のなかで南方から北上してきて、九州西方に出現した陸域を経由して渡来した動物たちだったと考えられる。

古琵琶湖層群の堅田層から江戸時代に発見され、龍骨とされたトウヨウゾウもこの時代の化石である。古琵琶湖層群では当時の気候があまりはっきりとしないが、隣の大阪層群ではこのトウヨウゾウが生きていた時代にできたMa6〜Ma8と呼ばれている海成粘土層からは、暖かい気候を好む常緑広葉樹が見つかっている。特にMa8からは現在九州以南に分布するアデクや奄美大島以南の琉球列島に分布するシバニッケイといった常緑広葉樹も発見されていて、この時代がかなり温暖であったことを示している。大阪府豊中市の大阪大学の構内から発見された大型のワニであるマチカネワニもこのMa8の直下から見つかっている。およそ五〇万年前の地層である。しかし、この温暖な時期も長く続くことはなかった。四三万年前に訪れた強い寒冷な時期に向かって気候が寒冷化するなかで、トウヨウゾウは日本から絶滅してしまったようだ。古琵琶湖層群では堅田層からトウヨウゾウが消えてしまうのはこのためである。トウヨウゾウは、岩手県から宮崎県までの地域から発見されているが、日本国内全体を見渡しても、およそ五〇万年前より新しい時代の地層からはトウヨウゾウは発見されていない。

動物が大陸から渡来したもうひとつの時期であるおよそ三四万年前には、ナウマンゾウやオオツノジカを中心にした動物群が大陸から渡ってきたと考えられている。

ナウマンゾウは、宮崎県から北海道までおよそ二〇〇カ所から発見されていて、日本で最もよく見つかっているゾウ化石である。このナウマンゾウが生きていた時代には、三回の寒冷な時期があったが、三回目に訪れたおよそ二万年前の寒冷期は、それまでのものと比べてより寒冷であった。平均気温でいえば現在よりも五度～一〇度も下がったようだ。この時期を乗り越えたナウマンゾウはわずかにいたかもしれないが、ほとんどのナウマンゾウとオオツノジカはこの二万年前を境に絶滅し、この時期以降、本州にはゾウはいなくなってしまった。琵琶湖東部の多賀町から発見されたたくさんのナウマンゾウの化石は、やがて訪れる最寒冷期を目前にしていた終末期のナウマンゾウであったのであろう。

ナウマンゾウとともに生きていた動物たちのうち中大型のものには、ヤベオオツノジカ、ニホンムカシジカ、ニホンジカ、トラ、ヒグマ、テン、イイズナ、アナグマ、タヌキ、ニホンザル、オオカミ、キツネなどがいた。ほぼ同じ時代の中国の化石産地のうち、日本と同じような緯度にある産地からも、同様な動物たちの化石が発見されている。しかし、それらには、ハイエナ、ウマ、ガゼル、ヒツジなども含まれている場所もあり、日本に渡来した動物たちは、特に森林に棲むような動物たちだったことがわかる（図25）。

七〇万年以降では、このように二回の時期に大陸から動物たちが渡ってきたことは確かであるが、これらの他にも数回動物たちが渡ってくることができた時期があったかもしれない。しかし、あったとしても、陸域ができていた時間が短いことから、あまり大規模な動物群の渡来はなかったと考えた方がよいであろう。このため、ナウマンゾウが渡来した三四万年前以降、繰り返される明瞭な寒暖の気候変化の影響を受け、孤立した日本のなかでますます独自の動物相がつくられていくことになった。特に、大型の動物たちは大きな影響を受けることになり、現在の日本で見られるようなゾウや大型のシカのいない動物相ができていったのであろう。

北海道のマンモスゾウとナウマンゾウ

これまでは、九州西方の渡来経路を使って大陸から日本にきた動物

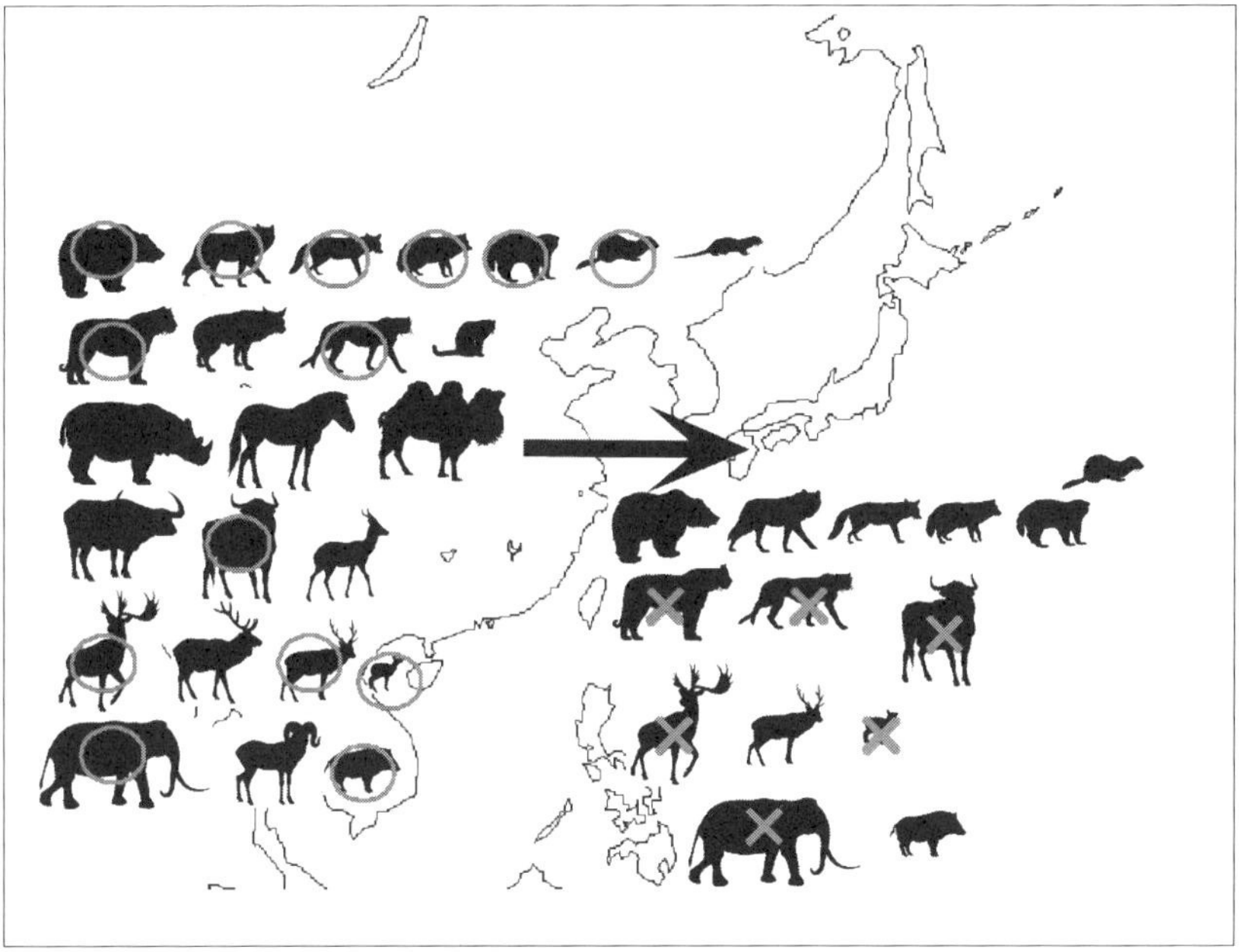

図25　34万年前ごろに大陸から日本に渡ってきた動物たち
大陸の動物たちのうち○印がついているものが日本に渡ってきたもの。日本に渡ってきたもののうち×印がついているのは絶滅し現在は見られないもの

たちの話をしてきた。大陸と呼んでいたのも、おもに現在中国となっている地域を指していた。それは、この地域と経路が日本の動物相が形づくられるなかでたいへん大きな役割を果たしてきたからだ。なぜ大きな役割を果たしたかというと、南北に長い日本においては、南北方向には温度変化やそれに伴う植生の変化が大きいため、多くの動物にとっては容易には移動しにくい経路となる。一方、中国東方部から西日本地域へ渡来する西からの経路は、ほぼ同緯度における移動であることから気温や植生に変化が少なく、動物たちにとって渡来しやすい条件がそろっていた。このことから九州西方で大陸と日本が陸続きになるたびに、中国東方部の動物たちが日本に渡来してきたのである。

しかし、日本に渡来した動物たちのなかには、シベリアやサハリンを経由して北から日本に入ってくる動物たちがいなかったわけではない。北方地域にある海峡は、西方にある海峡よりも深度が浅く、陸域になる機会も多かったので、一七〇万年前以降にも北からの経路は、西からの経路よりも頻繁に存在していた。しかし、北方に棲む動物たちが北海道を経由して本州にまで南下するためには、よほど寒冷な気候になる必要があったことから、その機会は非常にまれであったことが予想される。

ところが、北海道では話は別である。私は、二〇〇〇年に日本と台湾の動物化石に関する共同研究の一環として、台湾の研究者とともに北海道のゾウ化石の調査を行なった。この調査では、札幌《さっぽろ》から根室《ねむろ》までの地域を一週間ほどかけて車でまわり、博物館や資料館などに保管されているゾウ化石を観察させてもらった。その後、このときにできた人のつながりで、私は北海道のゾウ化石に関するいくつもの調査をさせてもらうことになった。そのなかのひとつに、北海道から発見されているマンモスゾウ化石の年代を北海道の研究者たちと調べた研究がある。

マンモスゾウは、ケナガマンモスあるいはケマンモスとも呼ばれることがあるゾウの一種で、その名のとおり体には最大九〇センチにもなる長い毛がある。マンモスゾウは、およそ四〇万年前には北東シベリアに生息していたゾウで、ヨーロッパにはおよそ一五万年前に現れた。一〇万年前になると、寒冷で乾燥した気候によってヨーロッパからシベリア東部にまで広がった草原に棲むようになり、その分布を広げていった。そうした、マンモスゾウの一部が、シベリアからサハリンを経由して北海道にも渡ってきたのだ。

日本からはこれまで、一四点のマンモスゾウ化石が発見されている。そのうち一三点が北海道からのもので、化石はすべて臼歯《きゅうし》の化石である。残りの一点は、島根沖の日本海の海底およそ二〇〇メートルから引き揚げられた標本で、これは対馬海流によって大陸から流されてきたものではないかと考えられていて、日本にいたマンモスゾウを考えるときには、ひとまず除外すべき標本である。

北海道から発見されるマンモスゾウの年代は、私たちが調べる前にもすでにいくつかは調べられていたが、私たちはすでに年代測定されているもののいくつかも含めて、できるだけたくさんのマンモスゾウの年代を調べてみることにした。年代測定は、臼歯化石に含まれているコラーゲンのなかの炭素を使って行なわれた。このために私たちは、ふたたび北海道の各地をまわり、保管している方々の協力を得ながら試料を採取した。

＊**コラーゲンと年代測定**＝哺乳類の化石では歯がよく発見されるが、歯はそのほとんどがカルシウムなどの石灰質成分であるが、コラーゲンなどの有機質成分も含まれる。年代測定では、このコラーゲンをつくっている炭素の同位体のうち安定しているC_{12}、C_{13}と、放射性炭素であるC_{14}との量比を測定して行なわれる。

その結果、北海道で発見されているマンモスゾウ化石の年代はおよそ四万五〇〇〇年前～一万六〇〇〇年前のものであるということがわかった。この時代の北海道がどのような気候であったのかは、すでに花粉化石を使った研究結果が報告されていたので、早速調べてみることにした。それによれば、現在ではサハリンが南限となっているグイマツという亜寒帯の針葉樹が北海道にまで広がっていた時代であったことが知られ、また草原も発達していたとのことであった。このような環境は、マンモスゾウが暮らすことのできる環境ともよく一致していて、マンモスゾウの化石がこの時代に発見されるのも納得できた。

一方、このマンモスゾウが生きていた四万五〇〇〇年前～一万六〇〇〇年前という時期に、同じ北海道でナウマンゾウの化石も発見されている。これは北海道東部の湧別《ゆうべつ》町から発見された臼歯化石で、発見された当初はマンモスゾウではないかと考えられていた。しかし、北海道開拓記念館や地元の方々の協力を得て、標本を調べ直してみると、その標本はマンモスゾウのものではなく、ナウマンゾウのものであることがわかった（図26）。ナウマンゾウとマンモスゾウでは、臼歯の咬

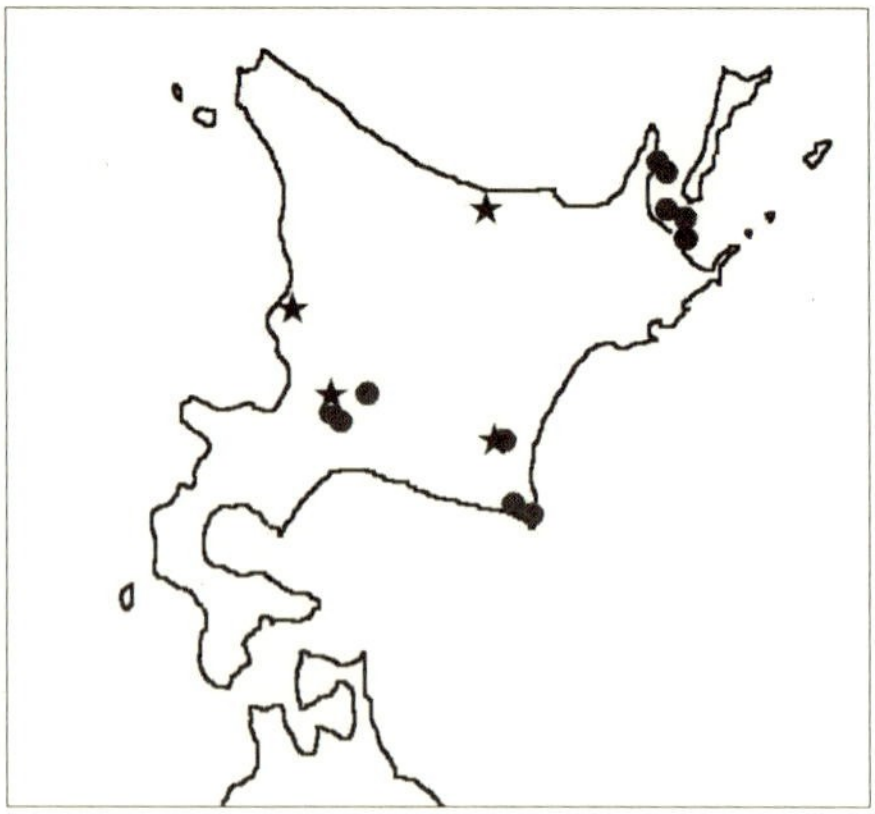

図26　北海道のマンモスゾウとナウマンゾウの産地　●：マンモスゾウの産地、★：ナウマンゾウの産地

む面の模様、エナメル質の厚さ、臼歯をつくっている咬板《こうばん》という板状のものがどれくらいの密度であわさっているかなどを調べるとその違いがわかる（写真41）。

ナウマンゾウと再鑑定されたものの年代は、マンモスゾウの臼歯を調べたのと同じ方法で調べられ、およそ三万年前の化石であることもわかっていた。この年代値はマンモスゾウが北海道で生きていた時代の真ん中あたりになり、もしかするとマンモスゾウとナウマンゾウがいっしょに暮らしていたのかと思わせるような年代値であったが、花粉化石の研究結果をよく調べてみるとそうでないことはすぐにわかった。

花粉化石の研究結果は、このナウマンゾウが生きていたおよそ三万年前の時代が、寒冷な時期のなかでも、一時的に寒さが緩んだ時期で、現在本州で見られるようなカバノキ属、ハンノキ属、ニレ属、コナラ属、ツガ属を主とする冷温帯の落葉広葉樹が北海道にも発達した時期であったことを示していた。つまり、このナウマンゾウが北海道に生息していた時代は、一時的に気候がやや温暖化していた時代で、本州に棲んでいたナウマンゾウが北海道まで北上する一方、それまで北海道にいたマンモスゾウは冷涼で乾燥した気候、そして食料となる豊かな草原を求めてサハリンやそれよりも北の地域まで移動していったと考えられた。そして、ふたたび寒冷な時期が訪れると北上していたマンモスゾウは南下してきて、ナウマンゾウと置き換わっていったのである。このようにして、北海道にずっとマンモスゾウが暮らしていた

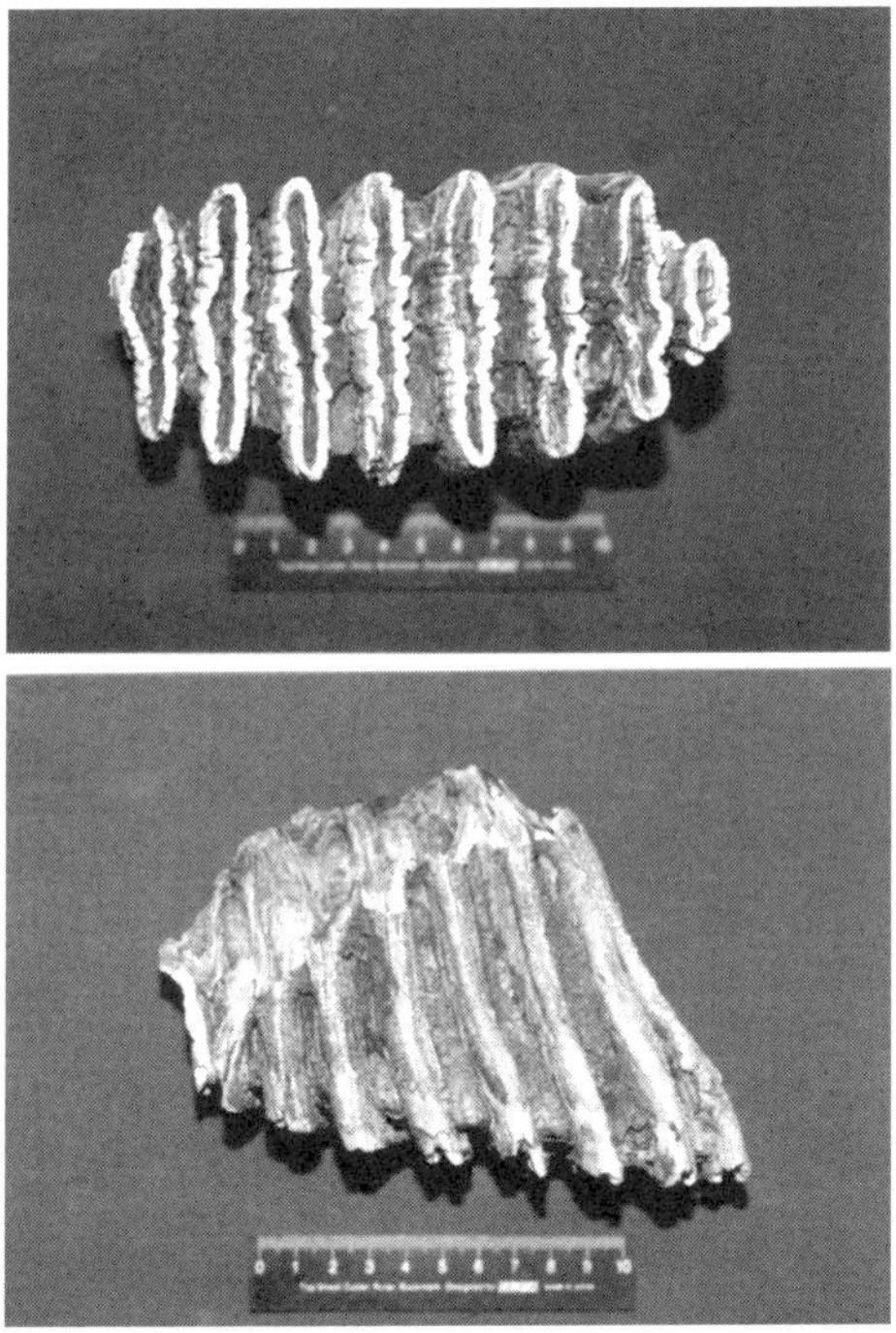

写真41　湧別産ナウマンゾウの臼歯化石　上：咬み合わせの面、下：側面観（湧別町教育委員会所蔵）

と思われた四万五〇〇〇年前～一万六〇〇〇年前の間にも、温暖な時期にはマンモスゾウに替わってナウマンゾウが暮らしていた時期があったことがわかってきた。

移動する二つの動物群

マンモスゾウが北海道にいたおよそ四万五〇〇〇年前～一万六〇〇〇年前、北海道にはどのような動物がいたのであろうか。このことについては、北海道からこの時代の化石がほとんど出ていないのでよくわかっていない。しかし、シベリアなどでマンモスゾウといっしょに発見されている化石を見ると、中・大型の種としては、ステップバイソン、ノロバ、アカシカ、オオツノジカ、ジャコウウシ、ケサイ、クズリ、ホッキョクギツネ、ホラアナハイエナ、ケナガイタチ、トナカイ、ホラアナライオン、ユキウサギ、ウマ、ホラアナグマ、サイガ、ヨーロッパジリス、オオカミ、アナグマ、ヒグマ、ビーバー、ヘラジカなどがいたとされている。これらはマンモス動物群と呼ばれている動物たちで、基本的にはマンモスステップと呼ばれていた草原に棲んでいた動物たちとされている。しかし、ここで名を挙げた動物たちのなかには、アカシカやヒグマのように草原ではなく森林にいたと考えられるようなものも混ざっていて、厳密な意味でいえばマンモスゾウといっしょに暮らしていたのではないと思われる。おそらくこれらの動物たちも、北海道におけるマンモスゾウとナウマンゾウの入れ替わりのように、マンモスゾウとたびたび入れ替わった別の動物群の動物たちをいっしょにまとめてしまっている可能性がある。それはともかくとして、北海道でもこのような動物たちが次々と発見される日がいずれくるかもしれない。

マンモスゾウ以外で、これまで日本から発見されているマンモス動物群と関連する動物たちは、北海道八雲《やくも》町からのバイソン、岩手県花《はな》泉《いずみ》町や大迫《おおはさま》町、神奈川県海老名《えびな》市、岐阜県郡上《ぐじょう》市熊石洞からのヘラジカなどがある。ヘラジカの産地のうち岩手県大迫町の風穴洞穴にある地層中からは、現在本州の高山に生息するシントウトガリネズミやヒメヒミズ、ミズラモグラもいっしょに発見されていて、明らかに寒冷期に本州まで南下してきた北の動物群であることがわかる。[22]

ヘラジカが本州にまで南下した時期については、残念ながらこれまでの研究では、直接にヘラジカの化石を使った年代測定は行なわれていないので正確にはわかっていない。現在ユーラシア大陸や北アメリカ大陸の北部に分布しているヘラジカは、トウヒやモミが優占する針葉樹林や河のデルタや低木のツンドラ、海岸林などでも暮らしている。また高緯度では低木帯などにも見られる。冬場の温度が摂氏マイナス五度、夏場の温度が一四度で生息ストレスを感じ、摂氏二七度を超える温度が長く続くと生存できないとされている。およそ二万年前には、亜寒帯針葉樹林が本州中部の標高の低いところにまで南下したことが知られているが、日本から発見されているヘラジカ化石はマンモスゾウが暮らしていた草原よりも南部に広がっていたこのような亜寒帯針葉樹林のなかに生息していたものと思われる。このことからいえば、厳密にはマンモスゾウとともに暮らしていたとはいえない。

このようにして、四万五〇〇〇年前～一万六〇〇〇年前には、北海

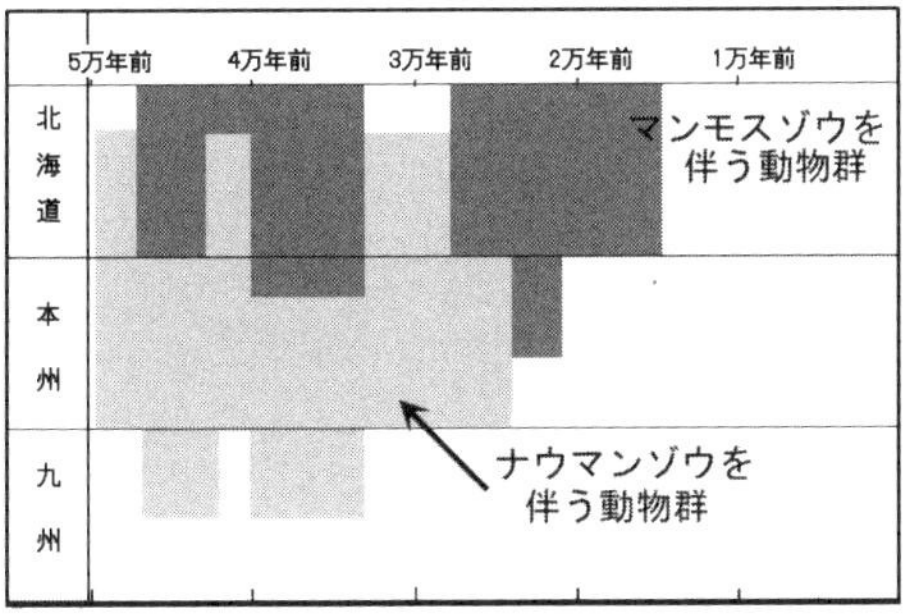

図27　5万年前以降のマンモスゾウとナウマンゾウを伴う動物群の分布の変遷の推定（高橋、2007をもとに作成）

道にマンモスゾウを伴う動物群がおもに生息していて、本州にはナウマンゾウを伴う動物群が生息していた。この二つの動物群は、この時期にあった気候の寒暖の変化に応じて、南北移動を繰り返し、ときにはナウマンゾウが北海道にまで北上することがあったが、マンモスゾウは本州には南下することはなかったようである（図27）。そのおもな原因は、本州には最も寒い時期でもマンモスゾウが暮らしていくための豊かな草原が発達しなかったためであろう。

現在の動物相の完成

日本は、列島状に南北約三〇〇〇キロメートルの長さがある。この南北に長い地形のため、気候的には亜熱帯から亜寒帯までまたがり、また高山もあることから多様な環境のもとで、多くの種類の生物が生息しているとされている。

哺乳類では、クジラ類と外来種を除くと百十種類が日本にいるという。[23] このうち、本州～九州にかけては五六種の哺乳類がいるが、その半数の二八種が日本固有種である。このように固有種が多いのは、三四万年前に大陸からナウマンゾウを含む動物群が日本に渡ってきて以来、本州～九州はほぼ島の状態を保ってきており、そのようななかで動物たちは日本の環境に適応した独特の種や亜種へと進化していったためであろう。

一方、北海道の哺乳類はこれらとは若干異なる。北海道には四一種の陸上哺乳類がいるが、それは本州地域と共通でありかつ日本固有であるヒメネズミ、アカネズミなどの四種、本州地域のみならず大陸にも広い範囲に分布しているタヌキ、キツネなどの一九種、さらに約数万年前の最終氷期に北方から渡来したと考えられる一八種類の動物たちなどから構成されている。このように本州地域よりも後の時代になっても大陸から動物たちが渡ってくることができたのは、西の海峡である対馬海峡が一三〇メートルもの深さがあるのに対して、北の海峡である間宮《まみや》海峡は深さ二〇メートルたらず、宗谷《そうや》海峡も六〇メートルしかなく、およそ一万年前まで極東ロシア地域と北海道は、サハリンを介してつながっていたからである。

この最終氷期に北方から渡来した種類には、チビトガリネズミ、ユキウサギ、エゾリス、タイリクヤチネズミ、ヒグマなどがいたとされている。これらの動物たちがどのように北海道のなかで混じり合って現在の動物相ができたのかはよくわかっていないが、ナウマンゾウとマンモスゾウの間で見られたような南からきた本州の動物たちと北からきた大陸の動物たちが何度となく気候の変化に応じて南北移動するなかで、現在の動物相ができあがってきたのであろう。

マンモスゾウやそれとともに暮らしていた動物たちが絶滅した原因については、これまでいくつかの説が出されてきた。絶滅の原因を考えるためには、まず第一に絶滅がいつ起こったのかをできるだけ正確に知ることが大切である。第二にそのときに動物たちのまわりでなにが起こっていたのかを明らかにすることが大切である。

世界中のマンモスの化石を調べてみると、中国や日本などのアジアにおいて最も南にいたマンモスゾウたちは、およそ二万年前〜一万六〇〇〇万年前に絶滅している。ヨーロッパとシベリアでは多くはおよそ一万二〇〇〇年前に絶滅した。ヨーロッパではイギリスの一万二〇〇〇年前のものが最も新しい時代のものである。東シベリアでもほぼ同じころのマンモスゾウが発見されているが、シベリア最北端のタイミール半島付近ではおよそ一万年前に絶滅した。北アメリカでもおよそ一万年前に絶滅している。[24] これらの年代から考えると、絶滅の原因は一万二〇〇〇年前から一万年前に世界中で起こった出来事がおもな原因になっているように思える。

これまで、マンモスゾウの絶滅の原因については、気候変化に伴う植生の変化と人間による淘汰の二つが有力な説とされていた。特に北アメリカにおける研究では、およそ一万一五〇〇年前から一万一〇〇〇年前のわずか五〇〇年の間に絶滅が起こっていて、その時期にクローヴィス石器という大型のヤリ先とマンモスゾウの骨とがいっしょに見つかった場所が十数カ所もあったことから、マンモスゾウの過剰な狩りがあったとする仮説が出されるようになった。しかし、これらの遺跡うちで、骨の間でヤリ先が発見されるような明らかな狩りの様子を示した遺跡は一カ所しかなかった。

一方、気候の変化によって絶滅したと考える人たちは、過去二万五〇〇〇年間の気候の変化に注目した。それは、最終氷期最寒冷期と呼ばれているおよそ二万五〇〇〇年前から一万五〇〇〇年前のかなり寒冷な時期の後、気候は温暖な状態に変わり、一万三〇〇〇年前に温暖期のピークに達した。さらに一万一〇〇〇年前から一万年前にふたたび寒冷になった後に今日まで続く温暖な時期になったことがわかっていて、マンモスゾウの絶滅には、この一万三〇〇〇年前の温暖で湿潤な気候が大きく影響したと考えられた。

一万三〇〇〇年前の温暖期には、地球の気温は一〇年～二〇年の間に六度も上昇したことが知られている。この温度の上昇は、現在世界中で大騒ぎしている「地球温暖化」とは比べものにならないほど超温暖化であった。この急速な温暖化は、マンモスゾウの生活の場であった草原を消滅させ、マンモスゾウやマンモスゾウとともに暮らしていた多くの動物たちを絶滅させたと考えられている。そして、一万二〇〇〇年前から一万年前にはほとんどのマンモスゾウが絶滅してしまったが、それでも限られた場所でわずかに残っていた草原に、なんとか生き残ったマンモスゾウたちもいた。そのような例外的なマンモスゾウを除けば、気候の温暖化した時期とマンモスゾウが各地で絶滅する時期が調和的なことから、マンモスゾウが絶滅した原因は、人間による狩りであるとする説よりも、気候の変化によって絶滅したとする説が有力視されている。

日本のマンモスゾウは、世界のマンモスゾウの分布のなかでは南限に近いことから、一万六〇〇〇年前という、よりいっそう早い時期に消えてしまったようだ。またナウマンゾウは、温帯の気候に棲むゾウだったので、およそ三万年前～一万五〇〇〇年前のかなり寒冷な時期に日本から絶滅してしまったと考えることができる。

このようにして、三四万年前に日本にいた動物たちは、本州～九州地域では島化した日本のなかで半分くらいの動物たちが日本固有の動物となっていき、三万年前ころから始まるかなり強い寒冷な時期に大型哺乳類であるナウマンゾウやかなりのオオツノジカなどが絶滅して現在の哺乳動物相となったと考えられる。近年ではオオカミやカワウソなどの哺乳類が、人為的な影響を受け絶滅してしまい、ますます動物種は減少しようとしている。増えるのは、人間が持ち込んだ外来種のみである。

一方、北海道では、約一万年前まで北からの動物群が渡来することがあったので、温暖期に北上したナウマンゾウを伴う動物群に加えて北からの動物群が付け加わっていったのであろう。現在の北海道にいる北方からきたと考えられる動物たちは、渡来時期が新しく北海道固有の動物というほどには進化していないようだ。

およそ一万年前に気候が温暖化に転じると、それまで南下していた動植物たちは、北上を開始したと考えられる。現在の日本列島における動物の分布は、大きく見れば一万年前以降に北上を続けている動物たちの姿なのであろう。

ゾウのいなくなった島

日本にはこれまで一〇種類ほどのゾウが入れ替わり暮らしていた。

古琵琶湖が誕生した四五〇万年前以降にも、ミエゾウ、アケボノゾウ、トロゴンテリィゾウ、トウヨウゾウ、ナウマンゾウ、マンモスゾウなどの六種類のゾウが棲んだことのある島であった。これらのゾウの多くは、日本が大陸の一部であったとき、あるいは大陸との接続ができたときに大陸から渡ってきたものであった。もちろんゾウだけが渡ってきたわけではないが、化石としてはゾウの化石がよく残り、また目立つ化石であることから各時代の動物相を代表する化石となっている。

これらのゾウ化石が入れ替わった大きな要因は、地球全体に起こった気候の変化とそれに伴う植生の変化、そして日本と大陸の接続関係であった。古琵琶湖が誕生して以来何度も日本の動物たちは、絶滅や固有化を繰り返してきた。そうして、ついに一七〇万年前以降、少なくとも本州以南の動物たちは寒冷化する気候のなかで固有化することがさらに進んでいった。最も新しい年代を示すゾウ化石は、本州では岩手県稗貫《ひえぬき》郡大迫町の洞窟《どうくつ》から発見された大腿骨《だいでんこつ》で、その年代はおよそ一万八〇〇〇年前（暦年代未較正）である。このゾウの種類はまだわかっていない。北海道では夕張《ゆうばり》市からおよそ一万六〇〇〇年前のマ

＊暦年代較正＝放射性炭素年代測定では、過去の大気中の炭素14量が一定であるとして計算される。しかし、実際には大気中の炭素14量は変動しているので、別の観測結果を用いて計測結果を補正しなければならない。補正は年輪やサンゴで調べた年代の結果で行なわれる。

ンモスゾウの臼歯化石が発見されている。これを最後に日本からゾウがいなくなってしまった。ゾウだけではなく、大型のシカもいなくなってしまった。残ったのは中型以下の動物たちだけであった。

かつては、大陸と日本の間が陸続きになれば新たな動物たちが日本に渡来し、日本の動物相も豊かになることが繰り返されたが、仮に現在陸続きになったとしても、新たな野生動物はほとんど日本には侵入しないことであろう。すでに大陸側にも野生動物はいなくなっているからである。日本が島の状態でいるのは、あと数万年間続くと予測されるが、この間に日本の動物たちは、迫り来る都市化によってさらに減少することであろう。一万数千年前にゾウがいなくなった島は、今度はなにがいなくなってしまうのであろうか。

あとがき

早いものでゾウの化石をいじりだしてから三〇年が経ってしまった。なぜ、三〇年もこんなことを続けているのか自分でもわからないが、なかなかゴールに到達できないから続けているのかもしれない。

もうひとつの理由は、やはり化石の研究がおもしろいからだと思う。ひとつ、ひとつの過程は、決してそれほど楽しいものではない。一頭分のゾウの化石などが発見されたときには、発掘のための地元住民への協力依頼、市町村との協議、お金の算段、さまざまな契約事務、実際の発掘での力仕事、発掘後の化石のクリーニングと強化作業、そして研究と息つく暇なく作業は続く。研究の過程では、たったひとつの骨のために何千キロも離れた、それまで行ったこともない外国の研究所や博物館に標本の比較に行くこともある。国によっては、連絡を取って行っても十分に標本を見せてもらえない場合もある。また、その

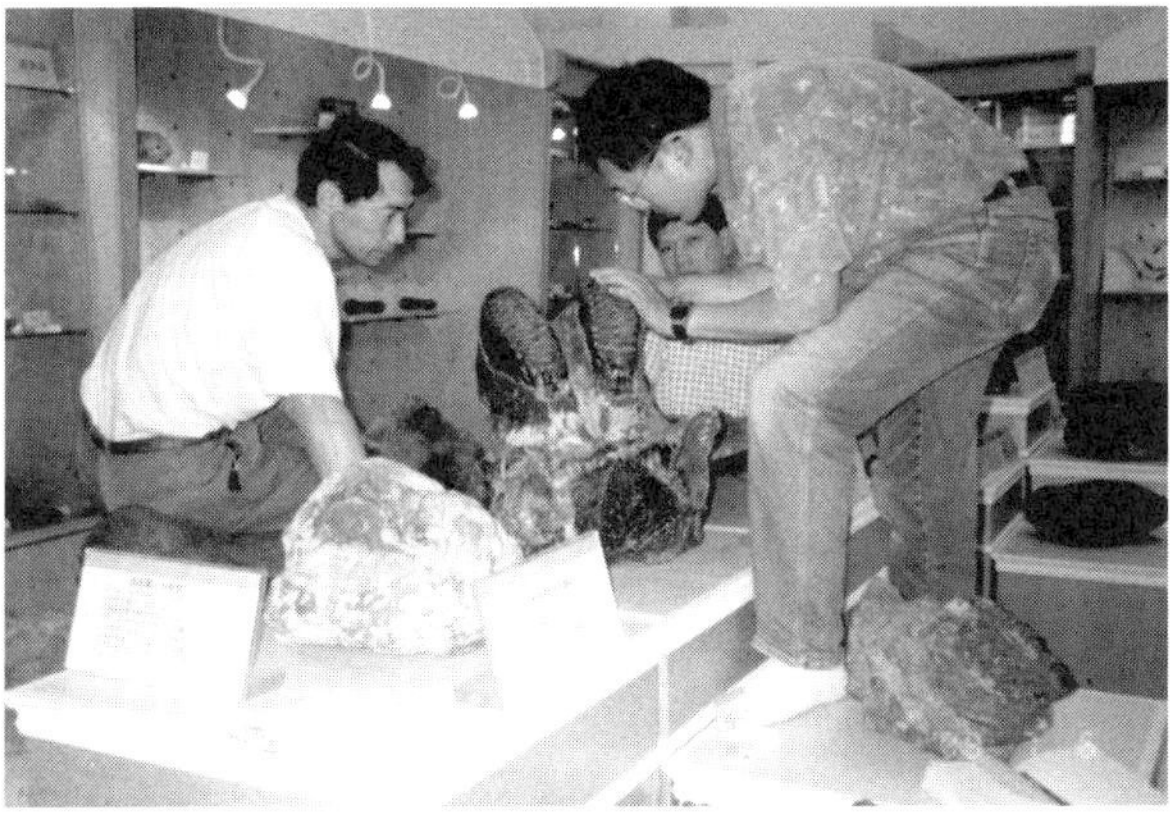

写真42　台湾での調査
展示室にあるゾウの頭骨化石を前に台湾の研究者と議論をする（左が筆者）

化石に関係するそれまで世界中で発表されたおもな論文もひととおり目を通しておくことも必要である。そんな作業をしていると、化石を見つけてから論文にして世間に発表するまでに数年もかかってしまうことは、珍しくない。このようにひとつひとつの過程は、楽しいことよりも困難にぶつかることの方が多いのだが、それだけにひとつの論文が出来上がったときの喜びは、ひとしおである。化石というものは、ただ見ているだけではなにも語りかけてはくれないが、こちらが適切な問いをなげかけたときには饒舌《じょうぜつ》に過去にあったことを物語ってくれる。その研究過程は、いくつか現場に残された遺留品を基に犯人を推理するゲームに似ている。

そして、この研究を進める過程は、決して一人では進めることができない。研究の過程でさまざまな人に出会い、助けてもらいながら作業は進んでいく。この過程も研究の喜びのひとつかもしれない。三〇年もこのような仕事をしてきたお陰で、今では私の名刺ホルダーには外国の方だけでも四〇〇枚近くの名刺が保管されていて、新たな仕事を始めるときには、国内外のこうした方々の協力を得て、研究を始めたところよりははるかに円滑に仕事を進めることができるようになった。

この本もそうした多くの友人、同僚、協力者のおかげで書き進めることができた。特に今回話題の中心とした琵琶湖地域は、地質や化石の研究場所としてたいへんすばらしい場所である。そのためか、この地域には、地域に根ざして熱心に地質や化石を調べている人々も多い。博物館の準備室時代の六年間、開館してからの一二年間、そのような方々とともに調査をしたり、情報を教えてもらったりして日常的に支援していただいた。琵琶湖地域の化石についてなにも知らなかった私が、曲がりなりにも琵琶湖の化石に関する本をこうして書けるようになったのも、この本に登場した方々をはじめ、この地域の方々のおかげである。ここでは、こうした方々ひとりひとりのお名前を挙げることはできないが、これまで私の研究を支援してくださった方々に改めて感謝したい。

最後になるが、琵琶湖博物館と琵琶湖地域の地学関連のすべての事を毎日ともに考え、具体的に作業をしている地学研究室の学芸員、資料整理、研究補助の方々にも私の研究を進めるためやこの本に関係するさまざまな面でお世話になった。特に里口保文さんには、写真の提供を受けた他、素稿に目を通していただき、ていねいに事実の間違いや表現を訂正していただいた。大橋正敏さんには化石のクリーニングなどの資料整理でお世話になっている。写真の一部は、国立科学博物館の冨田幸光さん、多賀の自然と文化の館の阿部勇治さん、飯田市立美術博物館小泉明裕さん、伊賀盆地化石研究会の谷本正浩さんや北田稔さん、奥山君代さん、琵琶湖博物館の中島経夫さん、山川千代美さん、国立科学博物館、多賀町教育委員会、琵琶湖博物館などの協力を得た。また、八坂書房の中居恵子さんには編集作業でお世話になり、ようやく本の体裁をとることができた。以上の方々に心よりお礼申し上げる次第である。

二〇〇八年六月

著者

文献一覧

(1) 里口保文（二〇〇六）「広域なテフラ層序からみた古琵琶湖層群下部の層序と年代」『日本地質学会第一一三年学術大会講演要旨』六七頁

(2) 奥山茂美（一九八一～一九九〇）『伊賀盆地化石集』一～一〇号、自費出版

(3) Matsumoto, H. and Ozaki, H. 1959 On a new geological subspecies of Archidiskodon paramammonteus Matsumoto discovered at Ono, Shiga Town, Province of Omi. Bull. Nat. Sci. Mus., 4, 4, 355-357, pls. 55-57.

(4) 結城実誠（一九六〇）「滋賀旧象」『近江博物同好会誌』第一七号、一-四

(5) 樽野博幸・河村善也（二〇〇七）「東アジアのマンモス類—その分布、時空空間、進化および日本への移入についての再検討」『亀井節夫先生傘寿記念論文集』五九-七八

(6) 堀口萬吉（一九九九）『「龍骨之図」に想う』『国立科学博物館ニュース』三六二号、一二-一四

(7) 松岡敬二（一九九八）「貝類の変遷と固有種成立」『アーバンクボタ』三七号、株式会社クボタ広報宣伝部発行、二〇-三一

(8) 中島経夫（一九九八）「コイ科魚類の変遷」『アーバンクボタ』三七号、株式会社クボタ広報宣伝部発行、三二-四五

(9) 中島経夫（二〇〇五）「ワタカは琵琶湖の固有種？ —ワタカをめぐる生き物分化誌」Biostory, 33, 102–109.

(10) 棚井敏雅（一九九一）「北半球における第三紀の気候変動と植生の変化」『地学雑誌』

一〇〇、九五一-九六六
(11) 此松昌彦（二〇〇四）『植物化石』上野市史自然編、一三一-一三六
(12) Kitamura, A. and Kimoto, K. 2006 History of the inflow of the warm Tsushima Current into the Sea of Japan between 3.5 and 0.8 Ma. Palaeogeography, Palaeoclimatology, Palaeoecology 236, 355-366.
(13) Saegusa, H. 1996 Stegodontidae: evolutionary relationships. In: Shoshani, P., Tassy, P. (eds.) The proboscidea: Evolution and Palaeoecology of Elephants and their relatives. Oxford University Press, Oxford, 178-190.
(14) Konishi, S. & Takahashi, K. 1999 Mandiblar morphology of stegodons from Japan, *Stegodon aurorae* and *Stegodon shinshuensis* (Proboscidea, Mammalia). Earth Science, 53:3-18.
(15) Saegusa, H., Thasod, Y. and Ratanasthien, B., 2005 Notes on Asian stegodontids. Quaternary International, 126-128, 31-48.
(16) 百原 新（一九九三）「近畿地方とその周辺の大型植物化石相」市原 実編著『大阪層群』 創元社、二五六-二七〇
(17) 北林栄一（一九九八）「大分県安心院盆地の津房川層からゾウ化石を発見」『大分地質学会誌』第四号、四三-五一
(18) 青木良輔（二〇〇一）『ワニと龍 恐竜になれなかった動物の話』平凡社新書 二三二頁
(19) 岡村喜明・高橋啓一（二〇〇七）「現生足跡調査から見た国内新生代足跡化石にゾウ類、シカ類が多産する要因について」『亀井節夫先生傘寿記念論文集』一二七-一三四
(20) 増田富士雄（二〇〇五）「地質時代の気候変動からみた現在」『地学雑誌』一一四、八七-九〇
(21) 増田富士雄（一九九六）「地質時代の気候変動」『岩波講座地球惑星科学11「気候変動

論』一五七―二一九
(22) 河村善也(二〇〇三)「第三節風穴洞穴の完新世および後期更新世の哺乳類遺体」百々幸男・瀧川　渉・澤田純明(編)『北上山地に日本更新世人類化石を探る』東北大学出版会、二八四―三八六
(23) 阿部　永(二〇〇五)「日本の動物地理」増田隆一・阿部　永(編著)『動物地理の自然史』北海道大学図書刊行会、一―一二
(24) エイドリアン・リスター・ポール・バーン　大出　健(訳)(一九九五)『マンモス』大日本印刷、一六八頁

【ヤ　行】

【ラ　行・ワ　行】

【ナ　行】

【ハ　行】

【マ　行】

【タ　行】

【サ　行】

【カ　行】

索　引

【ア　行】

【監修者紹介】
川那部浩哉（かわなべ・ひろや）

滋賀県立琵琶湖博物館館長。京都大学名誉教授。理学博士。専門は生態学、生物・文化多様性論。丹後半島の宇川をおもなフィールドに、アフリカのタンガニイカ湖などで魚類の生態を見てきた。近年のおもな編著書に、『曖昧の生態学』農山漁村文化協会、『生物界における共生と多様性』人文書院、『博物館を楽しむ 琵琶湖博物館ものがたり』岩波ジュニア新書、『生態学の「大きな」話』農山漁村文化協会、『琵琶湖博物館を語る』（編集）サンライズ出版など。

【著者紹介】
高橋啓一（たかはし・けいいち）

滋賀県立琵琶湖博物館総括学芸員。歯学博士、理学博士。専門は古脊椎動物学。ゾウやシカなどの大型哺乳類化石を通じて、日本の動物相の起源と変遷を考えている。
おもな著書・訳書に『マンモスが地球を歩いていたとき』（訳書）新樹社、『化石の写真図鑑』（訳書）日本ヴォーグ社、『化石の研究法』（分担執筆）共立出版など。

化石は語る —ゾウ化石でたどる日本の動物相—

2008年7月25日　初版第1刷発行

監　修　川那部浩哉
著　者　高橋啓一
発行者　八坂立人
印刷・製本　モリモト印刷(株)

発行所　(株)八坂書房
〒101-0064 東京都千代田区猿楽町1-4-11
TEL.03-3293-7975 FAX.03-3293-7977
URL.: http://www.yasakashobo.co.jp

ISBN 978-4-89694-914-8

既刊書のご案内

表示価格は税別価格です

生命進化の物語

R・サウスウッド著／垂水雄二訳

生命はどのようにして始まったのか？　なぜ恐竜は絶滅したのか？「生きている化石」たちはなぜ生き残ったのか？　温暖化は生命のパターンにどんな変化をもたらすだろうか？　最新の研究成果をもとに、生命の過去・現在・未来を描きだす。

四六判　2800円

鯰 ―イメージとその素顔〈琵琶湖博物館ポピュラーサイエンスシリーズ〉

川那部浩哉監修／前畑政善・宮本真二編

水辺と人のつながりから生まれた豊かな文化を探る。――地震押さえの鯰絵に描かれた鯰、その知られざる生態、さらには豊漁の象徴としてのナマズまで、様々なナマズの姿を紹介しながら、水辺がはぐくむ人と生き物の多様な関係を考える。

A5変型判　2000円

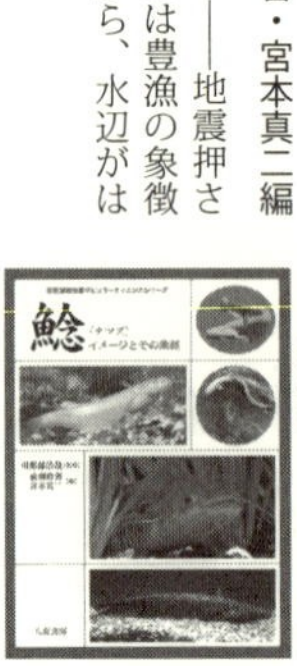

天敵なんてこわくない ―虫たちの生き残り戦略

西田隆義著

擬態や隠れ蓑作戦、死んだふりから自分の脚を切って逃げ切る「自切」まで、虫たちのさまざまな生き残り戦略は、天敵から逃れ、生き残って子孫を残すために効果があるのだろうか。生死をかけた昆虫と天敵との知恵比べの数々を、さまざまな実験ドキュメントを交え、進化との関係を絡めつつ解き明かす、知的好奇心を満たす好著。

A5変型判　2000円

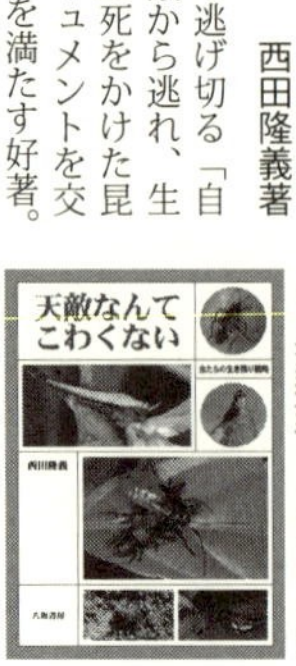

既刊書のご案内

表示価格は税別価格です

日本人と木の文化

鈴木三男著

森の国日本の人々は、森林と樹木をどのように利用してきたのだろうか。縄文時代のクリの巨木建築をはじめ、農具・装身具・食器・弓矢・丸木船など、遺跡からもたらされた木材を手掛かりに、人々が育んできた森と木の文化を語る。

四六判　２４００円

資料　日本動物史

梶島孝雄著

原生動物から昆虫、魚、鳥、哺乳類まで、古代から明治初期に至る日本人と動物との係わりを膨大な文献を渉猟し解き明かす動物文化史。時代別通史と動物別通史の２部構成で約７５０種の動物を取り上げる。図版３５０点を掲載。

菊判　７８００円

日本人と動物

斎藤正二著

牛・馬・犬・猪など、古来日本人の生活と密接な関わりを有してきた動物22種を取りあげ、記紀万葉をはじめとする近代以前の文献類にその足跡を辿る。日本人の動物観の真の姿を明らかにし、現代の〈ペット・ブーム〉の原点をさぐる書。

四六判　２４００円